在哈佛精进

成为商业精英的九条训言

张昱丰——著

北京时代华文书局

图书在版编目（CIP）数据

在哈佛精进 ：成为商业精英的九条训言 / 张昱丰著 . -- 北京 ：北京时代华文书局，2018.12
ISBN 978-7-5699-2789-4

Ⅰ . ①在… Ⅱ . ①张… Ⅲ . ①成功心理－通俗读物Ⅳ . ① B848.4-49

中国版本图书馆 CIP 数据核字（2018）第 275165 号

在哈佛精进：成为商业精英的九条训言

ZAI HAFO JINGJIN CHENGWEI SHANGYE JINGYING DE JIU TIAO XUNYAN

著　　者｜张昱丰

出 版 人｜王训海
策划编辑｜樊艳清
责任编辑｜樊艳清　刘　磊
装帧设计｜迟　稳　赵芝英
责任印制｜刘　银

出版发行｜北京时代华文书局 http://www.bjsdsj.com.cn
北京市东城区安定门外大街 138 号皇城国际大厦 A 座 8 楼
邮编：100011　电话：010－64267955　64267677
印　　刷｜三河市祥达印刷包装有限公司　0316－3658637
（如发现印装质量问题，请与印刷厂联系调换）
开　　本｜710mm×1000mm　1/16　　印　　张｜15　　字　　数｜160 千字
版　　次｜2019 年 3 月第 1 版　　印　　次｜2019 年 8 月第 2 次印刷
书　　号｜ISBN 978-7-5699-2789-4
定　　价｜45.00 元

前言

PREFACE

哈佛传达给全世界的职场商训

哈佛——对于全世界的学子来说都是一生憧憬和向往的地方！它是以培养研究生和从事科学研究为主的综合性大学，是美国最早的私立大学之一。哈佛总部位于波士顿的剑桥市，它的前身——哈佛学院始建于一六三六年。

迄今为止，哈佛大学的毕业生中共有八位曾当选为美国总统。他们是：约翰·亚当斯（美国第二任总统）、约翰·昆西·亚当斯、拉瑟福德·海斯、西奥多·罗斯福、富兰克林·罗斯福（连任四届）、约翰·肯尼迪、乔治·W. 布什和巴拉克·奥巴马。哈佛大学的教授团中总共产生了三十四名诺贝尔奖得主……这些耀眼的光环使全世界的优秀人才都对它心驰神往。

现在的哈佛已经不仅仅是一个学校，而且是一个品牌，它的成功警语已为全世界商界精英研读和实践。它对商业竞争提出了若干意见和精辟的论述，其中的精华在于从若干个方面阐述了行走商界必须要具备的条件，包括目标、行动、热诚、信心等诸多方面。它给了全世界没有直接在哈佛校园内接受教育的人一次上哈佛大学的机会，为自己在以后的事业、职业和商业拼搏中指点迷津。

哈佛传达给全世界的商训告诉我们在职场、事业或者商海中应该这样：

要有目标，才知道自己是为了什么在奋斗。

要有正确的思考，才有客观准确的判断力。

要有积极的行动，才能武装自己，表达自己的善意。

要有一定的警觉性，才能时刻防御外来的侵扰。

要有接受挑战的勇气，这样才能不断地更上一层楼。

要有合作的精神，这种以友善为基础的合作，可以帮你解决那些棘手的问题。

要有接受批评的勇气和决心，又要有巧妙批评别人的技巧，这样才能在辩证中了解和完善未知的一切。

要有善意的行动，善行才能增加你的分量。

要有不断学习的动力，学习是开发内在的力量，在不断吸纳的基础上运用它。

要有装饰语言的技巧，做到言之有物，才能正确表达你的思想。

要有和谐的思想，始终保持人际间的和谐，将持久的成功建立在和谐的人际关系之上。

要有快乐的心脏，很多人累积金钱，智者则累积快乐，与人分享仍用之不竭。

要有健康的习惯，生病之前就应该看医生，坚持未雨绸缪。

要用心经营自己的友谊，尊重朋友，情义长存。

要克服恐惧，虚张声势往往显示出极深的恐惧，恐惧贫穷的人永远不会富有。

要有十足的信心，信心是一种态度，信心越多成功就越多。

要正确认识失败，在失败中觉醒，在失败中进步，才能反败为胜。

要保证凡事多做一点，多做一点就是在为自己多积累一点财富。

要保有十分的热诚，只有将热诚变成习惯，生活才会变得生动。

……

看了上述这么多“要有”的要求，你已经跃跃欲试了吧？翻开这本书，它会一一为你解析！

目 录
CONTENTS

第三章 毕业后，才正是要开始学习的时候

第四章 值得深交的一个人：“信心”先生

第五章 失败是获取经验的重要方式

第八章 热诚会化解生活和工作的难题

第九章 用坚定的行动，进入精英的行列

| Chapter | 1 |

人生最重要的不是你从哪里来，而是你要到哪里去

[第一章]

1

思考

Chapter 1

生命是一条单行线，人一生的时间和精力也是有限的，因此在这条单行线徘徊、迷茫、迂回的时间越长，生命消耗得就越快，为自己最想要的奋斗的时间、精力就越少。因此，在人生早期就要明确地知道自己想要什么，如果连自己一生想要的是什么都不知道，那么还能够奢望得到什么呢？

>> POINT

1. 确定自己想要什么，然后尽力追求

各位即将从哈佛毕业的同学们，相信，此时此刻你们的心情是兴奋的，是幸福的，因为你们完成了你们人生中的一个目标——从哈佛毕业。我相信这是每个同学在前几年进入哈佛时都有的相同目标。现在，你们也应该保持跟进入哈佛时同样的心态——定下一个目标，然后尽力追求。

每个人的一生就像穿越一片玉米地。秋高气爽的田野间，一片硕果的玉米地铺展在每个人的面前。当然这只是表象，这里面暗藏了无数的陷阱和机关。

人生就是要成功穿越这片玉米地。这是有很多对手共同进行的一场有趣的竞赛：看谁最早穿越玉米地，到达神秘的终点，同时，谁手中的玉米又最多。也就是说，既要穿越玉米地，又要比别人更快，手里的玉米又要最多，而且要时刻保证自己的安全——概括而言就是：速度、效益和安全。每个人都可以进行一万种以上的选择，再高明的数学大师都无法计算出这三者之间的最佳比例——或许世界上根本就不存在这样的公式。不同的状态，会产生不同的结果，而每一个最佳的方案，又因为客观条件的变化而变化。穿越玉米地的过程，就是人生抉择的过程，无数次的选择产生了无数种结果。而人为什么要“穿越玉米地”或者说为什

么要参与这样一个游戏？

对你来说，**当你面临人生的又一次角逐时，在你面对事业上的又一次选择时，可否认真地思考过这个问题？是否认真想过这个问题到底重不重要？有多重要？**

许多年前，在美国哈佛大学的校园里，一群出类拔萃的毕业生，跟现在的你们一样，圆满地完成了自己的学业，即将踏入社会，开始“穿越自己的玉米地”。他们的智力、学历、环境条件都相差无几。在临出校门时，学校对他们进行了一次关于人生目标的调查。结果是这样的：

毫无目标的人占总数的百分之二十七。

有目标但很模糊的人占总数的百分之六十。

虽有清晰的目标但比较短期的人占总数的百分之十。

有清晰而长远目标的人仅占总数的百分之三。

二十五年后，他们已然各自穿越了“自己的玉米地”。此时的学校又对二十五年前“出类拔萃”的“天之骄子”进行了跟踪调查，结果是这样的：

在二十五年间，始终朝着自己最初的目标孜孜不倦、努力前进的毕业生，大多数都已位居社会上各行业的重要位置，他们中间的很多人已然成为业界的精英和领袖，这样的毕业生占总数的百分之三。

在二十五年间，有些人不断地实现自己不断设定的短期目标，逐渐成为有一技之长的专业人士，他们大多属于中产阶级，这样的毕业生占总数的百分之十。

在二十五年间，平静稳定地生活与工作，没有特别的成绩和成就，位居社会中下层的毕业生占总数的百分之六十。

在二十五年间，生活没有目标，人生不尽如人意，只会一味地抱怨社会、指责他人的毕业生占总数的百分之二十七。

其实，这些人的差距早在二十五年前就已经埋下了伏笔。很简单呀，就是在穿越玉米地之前，其中的一些人知道为何要穿越玉米地，而另一些人则一头雾水。

因此，各位一定要明确或者知道自己想要的是什么？是蓝天还是绿地？是安逸还是冒险？是平平淡淡还是轰轰烈烈？只有这样才能够去尽力追求那些想要的，使梦想的东西变为多年以后的现实。

小草知道自己想要的是繁育成片的绿洲，树苗知道自己想要的是成长为参天的大树，小鸡知道自己想要的就是可以果腹的谷糠，小鸭知道自己想要的就是能够畅游的池塘，雄鹰知道自己想要的是任由翱翔的苍穹……它们了解自己想要的是什么，并尽力追求，也因此成就了不同的物种和生灵，那么人又该是怎样的呢？

人也同样要明确自己想要的是什么，只有明确这一点才能尽力追求自己想要的东西，成就自己的人生。

2. 目标是人生的清醒剂，计划是人生的加速器

哈佛有句著名的成功警言：“**目标不能决定一切，但目标就像罗盘一样，如果一艘航行中的船没有罗盘，它就不知道朝什么方向航行，不知道什么时候到达……**”

正如兴致与偏好能够诱发才能，技能与技巧能够培养能人，勤勉与意志能够造就精英一样，明确的理想与目标能够激励人才。“**目标是人生的清醒剂，计划是人生的加速器**”。目标赋予人类生命的意义和目的。

一个国外专门研究“成功”的机构，以一百个年轻人为研究对象进行追踪调查。这项研究历时数十年，直到当年意气风发的年轻人变成六十五岁苍颜霜鬓的老人。研究结果显示：他们中间只有一个人很富有，另外还有五个人有经济保障，剩下九十四人情况不太好，甚至可以说是失败者。而这绝大多数的人遭遇了晚年拮据的境遇，并不是因为他们年轻时不努力，最主要的原因是他们年轻时没有树立明确的目标。

有了目标，人们才会把注意力集中在追求喜悦而不是避免痛苦上。目标让每个人都有早上起床的动力，都有奋斗的激情，它可以让生活中痛苦的时光好过一

些，而快乐的时光则更好过了。

明确人生目标是一件重要的事，换句话说，它就是你的人生抱负。不过“抱负”听起来总像一种超出个人可控范围的事情，而人生目标是只要愿意投入精力去做，就可能达到的。因此，对你而言，这一生真正想要的是什么？什么是你真正想去完成的事情？什么事情如果你突然发现你不再有足够的时间去完成的时候，会后悔不已？这些都是你的目标，把每个这样的目标用一句话写下来。如果其中任何目标只是达到另外一个目标的关键步骤，就把它从清单中去掉，因为它不是你的人生目标。明确而远大的目标是你人生航船的罗盘，抓紧它才能不走弯路。

目标对每个人的成功都至关重要，明确的目标就像是人生航船上的罗盘。航船出海，带上罗盘是第一要求，因此**制订目标就是人生第一要素，也是开启人生之路的第一步。**没有目标的人生就像是失去罗盘的船只，渺渺茫茫，飘飘忽忽，不但永远到不了彼岸，而且随时都有触礁而亡、葬身海底的危险。因为目标就是动力，目标就是方向，只有朝着确定的目标不断前进，才能成就多彩、成功的人生。

希腊神话中有这样一个故事：海妖塞壬是半人半鸟形的怪物，专门用迷人的歌声诱惑航海者，就是那些见多识广的水手，听到这歌声也往往不能自持，跳入海中游向塞壬的海岛，结果是自投罗网，成为凶残的海妖们的果腹之物。俄狄浦斯的船要经过塞壬的海岛时，他用蜡封住同伴们的耳朵，并吩咐他们把自己绑在桅杆上，叮嘱道，途经塞壬海岛时，无论自己如何恳求也不能松开绑绳。就这样，俄狄浦斯虽然听到了那致命的歌声，但是因不能跳海，最终，俄狄浦斯连人带船平安地驶过该区域。

这个故事充满了神话色彩，或许有人觉得很是荒诞不经，令人无法信服。但它确实值得我们深思。在每个人求知成才的航道上，不是也有种种诱惑，也需要我们像俄狄浦斯那样，抵御可能毁灭自己前程的海妖的歌声吗？每个人都要有一双慧眼，面对光怪陆离的大千世界，面对形形色色安逸享受的诱惑，要有所为有所不为，都要有较强定力，既然选定了远方，就要义无反顾地风雨兼程！每个人都应该静下心来，静下心来就能闻到花香。

成功的人之所以成功是因为，他们只想自己要的，而不将一丁点儿时间和精力浪费在自己不要的东西上。因此，每个人都一定要明确自己要达到的目标和彼岸，要做好当下最要紧的事情。就像春天要播种，夏天要成长，秋天要收获，冬天要休整一样，这才是智者的选择。**成功的人生永远只属于那些有高远的目标，有心无旁骛的精神和奋勇向前的人！**要时刻抵御海妖塞壬的歌声，要时刻修剪主干旁边的枝枝蔓蔓，这样才能走向目标，实现目标，赢得辉煌！

有一位智者带着三个爱徒，到风景优美的景区去钓鱼。他们到达了目的地。这位智者问大徒弟："你看到了什么呢？"大徒弟回答："我看到了池塘、鱼儿，还有满眼的花草树木。"这位智者摇摇头说："不对。"智者又以同样的问题问二徒弟。二徒弟回答："我看到了老师、师兄、师弟、鱼竿、鱼，还有这里的美景。"这位智者又摇摇头说："还是不对。"智者又以同样的问题问三徒弟。三徒弟回答："我只看到了池塘里的鱼。"智者高兴地点点头说："这就对了。"

这个故事告诉我们：每个人要想成就一番事业，就必须明确自己的目标，知道哪些是自己想要的，哪些是与自己想要的东西无关的。只有确立自己的目标，才能心无旁骛、全心全力地向前奋进。

3. 不要管过去做了什么，重要的是你将来要做什么

时间不可逆，生命不可逆。因此，我们不能活在过去，而要活在当下和将来。无法忘记过去、无法从以往的事情中自拔的人，往往连今天也会失去；沉迷于从前的人，也不会有将来。

因此，不要被过去的辉煌、失意绊住手脚，而荒废今天的大好时光，殊不知人生道路漫漫，更大的成就等待你去努力创造。同学们，不管今天你在哈佛是以第一名的成绩毕业，还是最后一名毕业，这些都会在今天结束，所有的同学都会在今天走出哈佛，而且是通过同样的一座大门。所以，**从现在起，重要的不是你过去做了什么，而是要放眼将来，明确你要做的是什么。**忘记昨天，是为了今天的振作。千万记得：过去不等于未来！

“过去不等于未来”这句话，是世界五百家最大企业之一的公司总裁，在自己晚年出版的回忆录《攀越巅峰》一书中写下的。她四十岁荣任州长，之后弃政从商。她写下了这句话，就是告诫世人，要用发展的眼光看事情。成功往往与眼下的境况无关。过去的都过去了，关键是未来。**过去也许在一定程度上决定了现在，却不能决定将来啊，唯有从现在开始做，才能开拓全新的**

将来。

珍妮这个总裁出生在美国的一个小镇上，随着年龄的增长，她渐渐发现自己与别人的不同：自己没有父亲。人们明显地歧视她这个私生子，小朋友们冷落她，人们甚至在背后喊她“野孩子珍妮”……她却不知道这是为何。

珍妮一天一天长大，然而歧视并未减少，甚至连老师都像躲瘟疫一样躲着她。于是，她变得越来越懦弱，开始封闭自我，逃避现实，不与人接触。珍妮最害怕的事，就是跟妈妈一起到镇上的集市。她总感觉有人跟在自己的身后说自己是个没有父亲的孽种、私生子、没有教养的孩子……

后来，珍妮生活的镇上来了一位牧师，善良的牧师改变了这个可怜女孩的一生。珍妮听大人说，这个牧师非常好。她非常羡慕别的孩子一到礼拜天，便跟着自己的双亲，手牵手地走进教堂。而她只能躲在远处，想象着教堂里的样子。

一天，珍妮实在忍不住，偷偷溜进了教堂，刚好听到牧师的一段话：“过去不等于未来。过去你成功了，并不代表未来还会成功；过去失败了，也不代表未来就要失败。因为过去的成功或失败，只是代表过去，未来是靠现在决定的。现在做什么，选择什么，就决定了未来是什么！失败的人不要气馁，成功的人也不要骄傲。**成功和失败都不是最终结果，它只是人生过程中的一个事件。**因此，这个世界上不会有永远成功的人，也不会有永远失败的人。”这个可怜女孩的心被深深地触动了，她浑身流淌着一股暖流。但她还是匆匆而又不舍地离开了。

实在太想听牧师讲的话了，于是珍妮又有了数次溜进教堂又匆匆离开的经历。因为她懦弱、胆怯、自卑，她认为自己没有资格进教堂。终于有一次，珍妮听得入迷，忘记了时间，直到教堂的钟声敲响才猛然惊醒，但已经来不及了。率先离开的人们堵住了她迅速出逃的去路。她只得低头尾随人群，慢慢移动。突然，一只手搭在她的肩上，她惊惶地顺着这只手臂望上去，正是牧师。"你是谁家的孩子？"牧师温和地问道。这句话是她十多年来，最最害怕听到的。它仿佛是一支通红的烙铁，直烙在珍妮的心上。人们停止了走动，几百双眼睛一齐惊愕地注视着珍妮。教堂里安静极了，珍妮又窘又怕，眼泪夺眶而出。

这时，牧师轻轻地说："噢，我知道你是谁家的孩子了——你是上帝的孩子。"然后，他轻抚着珍妮的头说："这里所有的人和你一样，都是上帝的孩子！过去不等于未来，不论你过去怎么不幸，这都不重要。重要的是你必须对未来充满期望。现在就做出决定，做你想做的人。孩子，**人生最重要的不是你从哪里来，而是你要到哪里去。只要你对未来充满希望，你现在就会充满力量。**不论你过去怎样，那都已经过去了。只要你调整心态、明确目标，乐观积极地去行动，那么成功就是你的。"话音未落，雷鸣般的掌声爆发出来！

珍妮难以自抑，所有的委屈与欣慰都随眼泪夺眶而出。从此，珍妮变了……后来的州长、世界五百强企业的总裁，也从这一刻真正觉醒了。

正如牧师所说，过去的一切不幸、委屈、困苦、辉煌都不重要，重要是对未来充满期待。所以就让我们忘记过去的烦恼、忧愁和痛苦，忘记他人对自己的伤害、背叛和羞辱，忘记自己对他人的恩惠，忘记别人对自己的误解，抓住今天，拼命努力创造未来！

同学们，不管今天你在哈佛是以第一名的成绩毕业，还是最后一名毕业，这些都会在今天结束，所有的同学都会在今天走出哈佛，而且是通过同样的一座大门。所以，从现在起，重要的不是你过去做了什么，而是要放眼未来，明确你要做的是什么。

4. 如果你不知道自己要什么，就别说你没有机会

先讲一个调查案例。

调查对象：哈佛某届一个MBA班即将毕业的所有学生。

调查问题：每个学生的职业目标。

调查结果：

1.百分之八十三的学生没有任何职业目标，只盼着早日毕业去享受夏天的海滩（是啊，谁能说清楚三十年后的事啊）。

2. 百分之十四的人有具体目标，但没有明确写下来。

3. 百分之三的人有明确的目标而且写了下来，并对如何实现做了规划。

跟踪调查：十年后，以百分之八十三的那部分同学为参照，百分之十四的那部分学生的平均收入是他们的两倍，而百分之三的人的平均收入则是他们的十倍。而那百分之八十三的人总是抱怨人生不尽如人意，生活不幸福、事业上没有机会，在一味的指责与抱怨中，人生还是没有任何改观。

上面的调查要告诉我们的不是怎么去赚钱，而是提醒人们知道自己想要什么，确立目标并规划、实施的重要性。这个道理也适用于生活和事业的管理。

没有目标、没有规划的人生更多的时候是处于无序状态的，就像无头苍蝇乱撞一样。不管在战略层面还是日常管理、生活中，目标不明确都会给人带来诸多混乱，没有规划则使问题更复杂。**确定自己对人生的期望目标、制订具体的实施方案，是人生管理的核心。**

有些人没有这个核心，还一味地抱怨社会不给机会，这是毫无道理的。机会是具有时间性的，它常常只敲一次门。而成功者善于抓住每次机会，充分施展才能，获得命运的垂青，最终成功。就像勃朗宁所说：“良机只有一次，一旦坐失，就再也得不到了。”**目标与机会的关系十分密切，有了前者才有抓住后者的意愿和可能。**

机会是一种稍纵即逝的东西，而且机会的产生并非易事，因此不可能每个人什么时候都有机会可抓，而是要在等待中为机会的到来好准备。明确的目标是做准备的第一要素。一旦机会在你面前出现，你就知道这是不是自己想要的，是否该伸手抓牢它。

杰克是一位从送水工成长起来的企业执行副总。他在一开始送水时，并不像其他的送水工那样把水桶搬进来之后就一面抱怨工资太少一面躲在墙角抽烟，而是给每一个工人的水壶倒满水并在工人休息时缠着他们讲解关于建筑的各项工作。很快，这个勤奋好学的人引起了建筑队长的注意。两周后，杰克当上了计时员。当上计时员的杰克依然勤勤恳恳地工作，他总是早上第一个来，晚上最后一个离开。由于他对所有的建筑工作比如打地基、垒砖、刷泥浆等都非常熟悉，所以当建筑队的负责人不在时，工人们总喜欢向他请教。一次，负责人看到杰克把旧的红色法兰绒撕开包在日光灯上，以解决施工时没有足够的红灯来照明的困难后，便决定让这个勤恳又能干的年轻人做自己的助理。现在，他已经成了公司的副总，但他依然特别专注于工作，从不说闲话，也从不参与到任何纷争中去。他鼓励大家学习和运用新知识，还常常拟计划、画草图，给大家提出各种好的建议。只要时间允许，他就会满足客户全部的要求。

杰克之所以能够从一个普普通通的送水工成长起来并取得骄人的成绩，就是因为他有明确的目标。没有什么比这样的故事更让人心灵震颤的了，也没有什么比它更能洗涤我们被享乐主义和功利主义所蒙蔽、污染的心灵的了。他与别人不同，他的目标是不断成长。最终，上帝给予的机会帮助他取得了成功。因此，每个人要想成功都必须明确自己想要的是什么，这样才能保证抓准、抓牢某个转瞬即逝的机会，取得事业的成功。

人生是一条不能回头的单行线，出发之前就要知道自己想要的是什么，这样才能做出正确的选择，得到自己想要的人生。

仔细回想一下，好像每个人都是在小的时候，有着很明确的目标，知道自己最想要的是什么。可是随着年龄的增长、阅历的增加，人们往往迷茫起来，很少有人能够再脱口而出自己想要的是什么。当一个人不知道自己想要的是什么的时候，做很多事情都是漫无目的的，结果自然不会尽如人意，因此只有知道自己想要什么才是生活之道。所以要**扪心自问："我想要的是什么？""要得到它需要什么条件？""我将通过什么途径得到我想要的？"**

当你能够明确地回答以上三个问号的时候，你要做的就是不达目的不罢休地去执行，总有一天你想要的就会实现和得到！

要得到什么，必须先要清楚自己最想要的确实是它才能得到。就像小鸡，如果不知道自己想要的是可以果腹的黍米，那么哪怕面前散落着一地黍米，它也不会向前迈上一步去啄食。人也一样，如果不知道自己想要的是位高权重，就不会主动设计和争取自己的仕途之路……总之，人必须要先知道自己想要的是什么样的人生，最终才能得到什么样的人生。

因此，有必要好好问问自己：到底什么才是自己人生中真正想要的？是美满的婚姻？孩子的尊敬？很多的财富、漂亮的汽车、豪华的别墅还是成功的事业？

是想成为永不止步的旅人还是建设家园的园丁？是想成为万众瞩目的明星还是普通的幼儿园教师？是想成为推动人类进步的科学家还是普通的劳动者？是想做个普通人还是力争进入上层社会？

不管心里有什么样的希望，当做这样的梦之前，不妨先问问自己这个问题：“哪个才是我最想要的？”没有明确的目标和理想，往往是什么也得不到。

5. 目标可以定得高一点，但要实际

每个人都是自己人生目标的制订者，目标是为每个人的成长服务的。因此，自身的提高比达到既定目标更加重要，所以不要怕目标定得太高远，因为目标是需要随时调整的，有时候我们可能要退而求其次。

目标于人，有着十分神奇的力量，它能激发并指引着你前进的力量，因此目标一定要远大，这样才能激发人的力量，激发人不断向更高的地方攀登！即使超出了自己的能力范围，需要进行调整时，也不至于跌至低谷。

正所谓找把谷糠，那是鸡的理想；寻个鱼塘，那是鸭的理想。雄鹰在天空翱翔，即使有一天翅膀折断，也不会像小鸡那样，为了争把谷糠而拼尽全力，因为它的目标在高远的天空。即使有一天需要退而求其次，也不至与小鸡为伍。相反，也正因为小鸡的目标太低，所以如果有一天，它没有能力去抢食散落的谷糠，它就只能等待上帝的施舍，因为原本很低的目标已无“其次”要它退而求之。

当然人们可能会说，人不可不自量力，不能总梦想着实现超越自己能力的事情，就像下面要说的穴鸟。

老鹰一个俯冲，成功捕获了一只羊。穴鸟看到了，心想自己一定比老鹰强，

就模仿老鹰的动作，从很高的岩石上向下俯冲，想像老鹰那样将利爪抓在小绵羊身上。没想到，当穴鸟飞到绵羊身上时，没想到脚爪却被绵羊弯曲的毛给缠绕住，拔不出来了。牧羊人发现了，就跑过去把穴鸟的脚爪尖剪掉，把穴鸟带回去给孩子们玩。当孩子们很想知道这是什么鸟而询问父亲时，牧羊人说："这应该是一只穴鸟，但它却以为自己可以成为老鹰。"

看了这个故事，大多数人也许会告诫自己和身边的人：人各有所长，要在了解自己的能力的基础上去发展。看到他人名利双收，便想依样画葫芦，是得不偿失的。看他人经营贸易赚钱，忘却自己个性、专业不适合，便思自立门户，失败往往接踵而来。这些说法似乎都有道理，但是换个角度讲，则可以看出另一番道理。

穴鸟将自己的目标定位为老鹰那样并没有错，试想，假如穴鸟学习老鹰失败却并没有被牧羊人抓到，也就不会有后面被嘲笑的故事。而回到鸟巢的穴鸟就会反思失败的原因，不外乎自己没有老鹰那样尖利的爪子，没有老鹰那样大的力气，但是自己有与老鹰同样的魄力。经过这一番分析，穴鸟也许会退而求其次，将下一次的目标锁定为一只野兔。不成功就再退而求其次，将再下一次的目标锁定为一只田鼠……倘若，穴鸟一开始就将自己的目标锁定为一只毛毛虫，那么就没有什么退而求其次的目标了，人生的经历和际遇自然也就不会相同了。

著名教育家维果斯基曾提出"最近发展区"的理论。意思是：人们是否对一件事感兴趣，完全取决于事情的难易程度是否处于对这个人既有一定挑战性又在其努力后可能完成之间。他认为：**只有当人们知道自己想要的东西跳起来就能拿到时，才会调动自身的潜能去争取。**

这不正是要求人们制订的目标要超出自己的能力范围一点，好激发自己的挑

战欲望和潜能吗？因此，目标的确定既要基于现实，又要超越一般标准。太容易的目标，不会激发人们去挑战的热情。那么，什么是合适的目标呢？一句话：对自身具有一定挑战性，同时又能使自己相信能够完成的目标，即使因为种种原因实现不了，退而求其次时，也不至于去面对低于自己能力而无法激发挑战欲望的目标。

制订合适的目标，完全是仁者见仁、智者见智的事情。我们应该基于自身的能力和现有的知识、经验，同时也要考虑外界的各种因素，最终确立最适合自己发展的目标。现实生活中的许多人并不是没有梦想，而是很多人的梦想都不切实际，根本没有考虑凭自己的条件是否有可能实现，遇到挫折的时候就怨天尤人，梦想也成了幻想。因此，**只有基于现实、高于现实的目标才有可能实现，才会成为你前进的动力。**

基于现实，并不意味着目标就可以降低、就可以不高远。相反，只有那些具有较高标准、对自己有一定挑战性的目标，才是真正的目标。这时，你若想实现这些高远的目标，就必须使出浑身解数，展现非凡的能力。而且，即使努力过了没有成功，只是完成了原定目标的一部分，那你的表现也会比过去更加出色，对每个人来说，这也是值得肯定的成长与进步。

有一位登山运动员，在自己挚爱的事业上做到了有所为、有所不为，他舍去了一些也得到了另一些。在一次攀登珠穆朗玛峰的活动中，在6400米的高度，他渐感体力不支，停了下来，与队友打个招呼，就悠然下山去了。事后有人为他惋惜：为什么不再坚持一下，再攀点高度，就可以跨过6500米的登山死亡线啦。他轻松答道："我很清楚，6400米是我生命中的至高点，没有什么好遗憾的。"

| Chapter | 2 |

正确的态度，才能保证走的是正确的道路

[第二章]

2

思考

Chapter 2

每个人在事业、生活上所能取得的高度和成就，往往已经在自己工作或做事的态度上反映出来了。态度决定高度，态度改变命运，态度决定一切。正确的态度是一种力量，是保证你能够走在正确道路上的巨大力量。

>> POINT

1. 先正确地评判自己，才有能力评断他人

何谓评判？就是判定胜负或优劣的定论、判断、意见以及评论性的评价或判断。

有些人很喜欢评判别人，这些人往往不清楚为何要评断而妄加评论。其实评判别人的目的是为了评判自己，因此，人首先要评判自己，只有正确地为自己定好位，才能有能力去评断和指导别人。

人不能只盯着别人的缺点，说这也不对，那也不对，如果换了你，也许还不如别人。所以，在评断别人的同时，最重要的是正确评判自己，这也是职场生存的重要原则。

比阿特丽斯刚从哈佛毕业，自身的优越条件使她进入了期盼已久的著名企业。比阿特丽斯是个很活泼的女孩，头脑灵活，身上带着哈佛的气质，深得上司器重，自己也对未来充满信心。一次所在的部门开会，但到了会议室才发现，别的部门还没有开完会，于是大家就在门外等候。比阿特丽斯却一个人跑了进去，并且对这个部门的工作发表了一通自己的见解，告诉大家应该怎样怎样，这番指手画脚的评论自然引起了其他部门同事的反感。像这样的事之后还发生过多次，

对于任何人的工作，她都会发表一通评论，自认为别人都没有她想得多、想得好。久而久之，她收到了解聘的通知。作为一个名校的高材生，个性又十分要强，能力自不必说，但是却在第一份工作上跌倒了，原因就是在没有对自己做出正确的评判时，肆意地去评断别人。

其实，对每位员工，特别是新人来说，多动脑子，积极提出建议当然是好的，事实上，每个开明的领导都会喜欢这样的下属。但是领导需要的是在了解情况认真思考、后得出的有针对性的建议，而不是简单肤浅的评论。

比阿特丽斯虽然是一个思维非常活跃的员工，但是她没有正确评判自己的位置、能力和处境，到处评断他人的工作，犯了职场的大忌。其实，如果她能够脚踏实地，利用自己活跃的思维和对工作的了解，提出有价值的建议，摆正自己的位置，对自己的方方面面做出正确的评断，是完全可以取得成绩的。

然而，**人往往都是在对自己做出正确评断的路上徘徊不前。**俗话说“画虎画皮难画骨，知人知面难知心”，人心难测，知人难，知己更是难上加难。虽然一个人要正确评判自己是非常困难的事情，但一旦能够正确评判自己，就好像多了一双睿智的眼睛，时时给自己添一点远见、一点清醒、一点对事业和生活更为透彻的体察与认知。

认识自己，首先就要给自己一个定位。自己到这个世界上来究竟是做什么的，对此必须有十分清晰的描述，离开了这个描述，人就会迷茫，就会失去前进的方向，就会在一个个十字路口徘徊，这样的人生是没有意义的。

认识自己的目的就是更清楚自己的素质如何，从而找到与自己的素质相对应的目标，凭着自己素质上的信号找到这一目标后，才能攻其一点，攻出成果，由此及彼，不断扩张你的梦想版图。

认清自己、正确评判和评估自己是人类最高智慧之一。一个不断经由认识自己、评判自己而改造自己的人，智慧才有可能渐趋圆熟，从而迈向充满机遇之路。然而有许多人无法取得事业的成功，主要是因为不能正确评估、评判自己，反而经常对别人进行评断。殊不知，**评断他人必须要在正确评判自己的基础上，否则就会犯错。**

洛克菲勒先生这一点就做得非常好，他有一个突出的优点，这个优点帮助他从一个默默无闻的小人物，成长为如今家喻户晓的大人物。这个优点就是：他坚持以事实作为他的商业哲学的基础，并且他只习惯于与他终生事业有确切关系的事实打交道。有些人说，洛克菲勒先生对待他的竞争者有时并不公平。这种说法可能是真的，也可能不是。但是，从来没有任何人指责洛克菲勒先生对他对手的实力“轻易判断”或“估计过低”。他不仅能一眼看出与他事业有切身关系的事实，而且，每次他都主动寻找这些事实，直到找到为止。

洛克菲勒的这一优点或许并不外露，却很实用。与那些总是锋芒毕露，轻易对别人做出评断的人相比，这就是他的过人之处吧。

无论是评判别人还是评断自己，实际上都是认识的理性化过程。因此要尽量全面地认识自己和别人，克服片面性，特别是评价别人的标准应尽量客观准确，不能把别人说得一无是处，也不能把别人的缺点当长处学。要保证自己在评判的时候不出错，最重要的就是给自己一个正确的定位和出发点，从这个角度去评判别人，才能保证达到客观公正的效果。

一天，耶稣看到一群人要用石头把一个妇人砸死，于是他站到妇人的前面说："你们谁自己没有罪就扔石头吧！"人群无言，渐渐散去。人群散去的原因在于：每个人都只是人而已，无权评判别人。人们所评判的，实际上是不接受的自己。世上没有完人，因此不要只盯住自己或别人的缺点，要正确地做出评判。

2. 反思是前进的伴侣，优秀是卓越的敌人

反思就像是一面镜子，一个能与心灵对话的话筒，它可以使你看到更真实的自己，听到令自己受益的批评或建议。

一个著名大学的外语系毕业生以优异的成绩毕业了，开始了自己的求知之旅。他寄了许多英文简历给一些外国公司，但他所收到的答复都是不需要这种人才。其中有一家公司甚至还写了一封信给他：“我们公司并不缺人，就算我们有需要，也不会雇佣你。虽然你自认为懂得英语，但是从你的来信中，我们发现你的文章写得并不是很好。更为严重的是，连基本的语法也出现了错误。”

这位毕业生接到信后很不服气，打算写封回信为自己“讨回公道”。但是当他平静下来之后，转念想了一想：“对方可能说得对，也许自己在语法及用语上犯了错，却一直不知道。”于是他写了一张谢卡给这个公司：“谢谢你们的指正，我会更加努力完善自己的。”

信发出几天后，意想不到的事情发生了：他收到了那家企业的聘书。

回想一下，当你在面对类似上面那种使人难堪的批评时，会不会像那个毕业生那样能够静下心来，反思自己，虚心接受别人的批评？“满招损，谦受益”，

当你对别人的意见不以为然、自以为是时，你最好静下心来，反省自身。这样，就会变得虚心，变得更加成熟。

反思其实是一种学习能力，只有认识到自己所犯的错误，才能改正所犯的错误，才能不断地学到新东西。平心静气地正视自己，客观地反省自己，是一个人修性养德必备的基本功之一，也是增强人之生存实力的一条重要途径。

一家公司招聘工作人员，前来应聘的人很多。公司为其安排了三次考试。

第一次考试结束，埃玛以九十八分的好成绩排在第一名，艾丽达则以九十四分的成绩位居第二。

第二次考试开始，令所有人不解的是：试题竟然与第一次考的一模一样。在监考人员反复强调试卷没有错以后，埃玛便不加考虑，根据第一试的答案，还不到一半的时间就自信地交了卷。多数应聘者交卷的时间也都大大提前。考试结果，埃玛仍以九十八分的成绩位列第一，而艾丽达则以九十七分的成绩排在第二。

第三次考试开始了。令人不解的是，还是上两次考试的试卷。监考人员大声宣布：“这次试题与前两次一样，都是公司的安排。谁认为这样考试不合理，可以放下考卷，退出考场。”应聘者不得不安下心答卷。绝大部分考生都按前两次的答案，很快答完了卷。不到半个小时，考场已经空空如也了。唯有艾丽达皱着眉头、冥思苦想，直到最后一刻，她才交上自己的答卷。

第三次的成绩揭晓了，埃玛、艾丽达都是九十八分，并列于第一名的位置。随后的录用结果也公布出来，只有艾丽达被聘用了。

埃玛苦思不解，她决定找到公司负责人问个究竟。在总经理办公室，埃玛理直气壮地质问总经理：“我三次都考了九十八分，为什么不被录用，反而录用了前两次成绩都比我低的人？这种考试公平吗？”总经理心平气和地说：“小姐，我们的确欣赏你的考分。但公司并没有说，谁总分最高就录用谁。总分的高低，只是录用的一个标准，并不是唯一的依据。不错，你每一次都答了最高分，可你每次的答案都一模一样。如果我们公司也像你答题一样，总是用一个思维模式，一成不变地经营，公司能摆脱被淘汰的命运吗？我们需要的职员，不仅要有才华，更应该懂得反思。**善于从反思中发现错误、漏洞的人才能有进步。**职员有进步，公司才能有发展。公司用同样的试卷进行三次考试，不仅仅是考你们的知识，更是在考你们的反思能力。而你在整个考验的过程中，都没有表现出具有反思的才能，我们也只能感到遗憾了。”

职场中的每个人，每天做的工作都看似是简单的重复。但事实上，身边的商业环境、社会环境都是在不断变化的，如果这时自己的工作还是僵死不变，那是注定要失败的。那么就要通过反思、对比、总结才能做出合乎逻辑、顺应实际的变化，只有这样工作才能越做越好。这就是反思的力量，它会助你前进。过于优秀的人往往没有反思的机会，因此也就难以实现更多的超越。所以说“反思是前进的伴侣，优秀是卓越的敌人”是很有道理的。

一只狐狸为了抄近路，决定翻越眼前的篱笆到大路上走。就在狐狸跨越篱笆的时候，脚下一滑，幸而抓住一株蔷薇，它才不致摔倒，可是脚却被蔷薇的刺扎伤了，流了许多血。受伤的狐狸就埋怨蔷薇说：“你太不应该了，我是向你求救，你怎么反而伤害我呢？”蔷薇回答道：“狐狸啊！你错了，我的本性就带刺。我从来不会去刺任何人，都是人们不小心、不注意才会被刺到的呀！”

上面这只狐狸，在遭遇挫折时不仅不反思整个过程，反而迁怒于人，这又有什么用呢？

3. 三思而后行的人，很少会做错事情

三，表示多次。三思而后行，指经过反复考虑然后再去行动。很多人做事只凭一时冲动，而不是深思熟虑，不能做到前前后后、左左右右全部想周全，因此也就经常做错事了。

“三思而后行，谋定而后动”是克服冲动的最佳良药。**三思而后行，思考些什么东西呢？思考的是问题的根源和起因。**问题发生后，就需要知道发生问题的根源是什么，导致问题的诱因是什么。只有当这些问题的真正根源都找到后，才能考虑解决的方法。

之所以要三思，是因为问题的发生是很多原因造成的，其背景是复杂的，单凭直觉很难得出正确结论，往往需要一段时间的分析归纳或者调查研究，才能理出头绪。而且也有被人制造假象、提供虚假线索的可能，一不小心就有误入歧途的危险。所以，思维必须要精细缜密。思考一遍还不够，还需要检查一遍，然后在行动之前还要复查一遍，才能确保行动万无一失。

狮子和野驴进行了一次合作，因为野驴不善于三思而后行，盲目行动，导致自己犯了大错。它们合作的前提是：狮子的力量大，而野驴跑得很快。狮子提议

二人一起狩猎，并声称这是优势互补、互利共赢的无敌组合，野驴想了一下，觉得有道理，便与狮子合作一起狩猎。有了收获后，狮子把猎物三等分，说："因为我是万兽之王，所以要第一份；我帮你狩猎，所以我要第二份；如果你还不快逃走，第三份就会成为使你丧命的原因了。"此时，野驴大惊，但是已经后悔莫及。

在这个故事中，野驴在接到与狮子合作的建议时，也做了考虑，但是考虑并不周全，只做到了"一思"而非"三思"。它的思考仅局限于狮子已经设计好的对白，当然那些也都是切实存在的、有道理的。但是很显然，野驴没有从自身出发，进行正反两方面的对比，没有想到双方实力悬殊，一旦合作破裂，自己就只能任由狮子摆布。联想到商业合作、公司经营也是如此，若因为想提升自己公司的竞争力而和与自己财力悬殊的公司合作，且不将各个阶段、各种可能出现的情况以及应对这些情况的措施全部考虑清楚，最后的结果通常是得不偿失的。

三思而后行是一种职业素质，它要求人在面对问题时沉着冷静，不急于立即采取行动，而是静下心来仔细思考。心急的人往往会不耐烦地催促赶快采取行动，因为他们总是担心时间紧急，再不采取行动就来不及了。其实，越忙就越容易出差错。如果事先没有考虑好，路没走对，反而会耽误时间。这印证了那句"磨刀不误砍柴工"的古话。其实先把刀磨快了，看起来耽误了起跑的时间，但是在执行的时候既省时间又省力气，效率自然就高。也像外出旅游，事先安排好行程，顺着标志一路开去，就可以不绕弯路，节省时间。如果慌忙上路，看起来节省了策划的时间，但是一旦走错了路，可能就会浪费比看地图长很多倍的时间。而且事先策划好，就可以应对各种突发事件，保障出行的顺利进行。

作为一个企业的经营者也是一样，在制订一个经营决策的时候，一定要综合考虑各方面的因素，而不能被一时的利益蒙蔽了眼睛。在复杂的社会里，针对复杂的问题，“三思而后行”能够有备无患地做出正确的决定并付诸行动，因此在做出决策之前确实有必要反复思考。轻率、冲动的做法，往往导致意想不到的错误，常常会吃大亏。

相对于其他条件，**“三思而后行”其实是提升工作效率的关键，是行走职场的必须，更是商业竞争中的必然。**充分的思考，可以保证少走弯路、错路，减少在实现最终目标的过程中浪费掉的时间。

这一天是个阳光明媚的日子。一个班级的同学相约一起爬山。爬着爬着，他们看见山顶上有一座异常豪华的城堡。城堡的大门敞开着，受好奇心驱使，一行人便走进了属于城堡的花园。这时，整座城堡警铃声大作，一群法国军人冲过来将他们团团包围，他们被要求出示身份证件并不许离开城堡。学生们纷纷表示抗议，理由是他们不知道这儿属于军事区域，也没有看到城堡外面那块“闲人禁止入内”的牌子。一个士兵说：“那块牌子已经挂了许多年，也许以后应该换块看上去更醒目的，但是请问你们各位有没有错？并不是所有上山的人都会闯进城堡来的。”于是学生们被强制在此工作一个多小时，直到事情调查清楚后才被允许回去。

4. 你是否欺骗过别人或自己？想清楚再回答

有时候上帝青睐的人就会很容易成功，这当然是凡人眼中的想法，他们无法深入地发现其中更深刻的东西和道理。海涅曾经说过：“**生命不可能从谎言中开出灿烂的鲜花。**”艾琳·卡瑟也说过：“诚实是力量的一种象征，它显示着一个人的高度自重和内心的安全感与尊严感。”

某司令部的野营驻训部队。这里正在举办一场长跑比赛，长官非常重视这次比赛，他们决定从中挑选几个人去执行一项艰巨而光荣的任务。为此，这次长跑比赛，上级领导精心设计了一条十分具有挑战性的新路线。

比赛进行中。士兵马克身材瘦小，他已经多次感到体力不支，眼看着自己越来越落后了，却又发现，似乎越往后路线越复杂，到后来他已经是寸步难行了。不过，有一个念头始终支撑着马克的双腿，那就是“不论第几名，哪怕是最后一名跑到终点，我也要完成这次比赛”。

就在马克感到体力快透支的时候，他的面前出现了一个岔路口，旁边竖立着两个指示牌。更令人惊奇的是：指示牌上的箭头分别指向两个不同的方向，牌上赫然写着“前方军官跑道”“前方士兵跑道”的字样。

凭借自己从军多年的经验，马克知道军官跑道肯定更容易到达终点。虽然心中有一些不平，但马克依然朝着士兵跑道的方向继续跑去。与马克一样，很多士兵也看到了指示牌，可是大多数人选择了军官跑道。可奇怪的是，马克感到脚下的路似乎平坦了许多，跑起来也更轻松。更令人惊奇的是，马克没跑出多远，居然在通过一个黑暗的隧道之后就看到了前方飘扬的彩旗，还有设在终点处的主席台。原来，他已经跑到了终点，简直不敢相信。

当马克跑到终点时，他看到戴维将军亲自过来与自己握手，并且祝贺他跑出了前十名的好成绩。马克感到不可思议，过去他甚至连前五十名也没有取得过。他问戴维将军那些选择军官跑道的士兵都在哪里，将军告诉他："他们还在路途中，不知道天黑之前能不能到达。"原来，当初设置指示牌的目的，并不是要让军官和士兵分开赛跑，因为这次越野赛根本就没有一名军官参加。而上级这样精心设计的目的，就是希望找到诚实的人去执行光荣而艰巨的任务。

这次比赛的结果，马克用自己的诚实赢得了比赛，赢得了执行重要任务的机会，更重要的是为自己在原本希望不大的事业上开拓了新路。

马克的故事告诉我们：**当你对生活表现出的态度越诚实，生活给你带来的快乐和成功也就越多。不欺骗别人，也不欺骗自己，才是安身立命、成就事业的根本。**马克能够获得最后的成功，就是诚实赋予了他力量，而其他选择了军官道路的人，只能落得欺人者自欺的下场。

扪心自问，你欺骗过别人吗？欺骗过自己吗？恐怕答案为否的人并不多。对于普通人来说，诚实一次不难，难的是面对任何情况都能选择诚实。**不欺骗人不难，难的是面对自己时也能客观分析、直面真实。**作为一个在职场中打拼、奋斗、竞争的“弱势力”，可能很多人都会不自觉地选择不诚实的方式进行自我保护。但是一旦“自保”成了自然，那么欺骗、勾心斗角也会成为自然，欺骗别人、欺骗自己也就成了自然。如果你觉得做一个不说真话的员工对自己没什么坏处的话，那么做一个撒谎、贪大、争功、推卸责任的员工也没什么问题吗？每个人都希望在职场上不断发展，在事业上不断迈进，那就必须严格遵守诚实守则，对别人诚实，对自己更诚实，远离欺骗。

培养诚实做人的良好品质，是关系到人一生的事，是关系到自己的人格、品格和习惯的事，坚持诚信做人，最终对自己不亏。

正所谓“无信不立”。就是说若想在社会上立足，就必须讲求诚信、远离欺骗。怎么样才能做到诚实守信呢？这也不难，就是要实实在在做事、勇于承担责任，久而久之，就能够得到他人的信任，自己的道路也会越走越顺。

有一家世界五百强的企业正在招聘员工，条件自然很苛刻，应聘者也都是具有高学历者。当第一位应聘者走进房间时，主考官立即露出兴奋之色，像他乡遇故知一样热情地说："你不是哈佛大学某某专业的研究生吗？我比你高一届，你不记得我了？"这位青年心里一震："他认错人了。"此时，承认自己有哈佛的学历对应聘绝对有好处。但这个青年却秉承一向的诚实做事风格，冷静而客气地说："先生，您可能认错人了。我不是哈佛大学毕业的，虽然我很向往那里。"

年轻人有些小小的失望，觉得自己不会被录用了。然而没想到，主考官和颜悦色地说："你很诚实，刚才就是我们考试的第一关。现在我们进行第二关的业务水平测试……"最终，这位青年被录取了。如果一开始，这个年轻人没有把持住自己，谎称自己是哈佛毕业的，那么后果可想而知。

5. 没有问题时，往往是存在最大问题的时候

哈佛大学毕业生斯丁在一家著名刊物上发表了一篇文章，讲述了自己在毕业后的第一份工作中的经历。斯丁在学校里成绩很好，毕业后到一家大型企业应聘。人事部对他的资料和面试表现十分满意，很快，他就被正式录入财务部工作。由于部门里只有他一个名牌大学生，大家对他很尊敬。这本来是正常的事，他却因此不知不觉产生骄傲情绪，任何时候都是一副“我很能干”“没有问题”的派头。开始时财务经理好心地提醒过他，他却总是一笑而过，并不当真。

一次，财务经理让斯丁依照凭证录入原材料明细账。这本来是件极为简单的工作，一千多张凭证他两天就抄完了。但他觉得自己是大材小用了，言语之间颇有微词。不久开始核对总账时，他惊奇地发现自己竟无论如何都对不上账。即使在这个时候，他也没有细致地检查自己的工作，而是开始怀疑总账有误。

于是，他再一次自信地找到财务经理，用极其肯定的语气告诉他自己没有错，应该是总账错了。财务经理则要他再仔细检查一遍自己的账目，却被他拒绝了。看到这种情形，财务经理就亲自来复核，很快就发现了他做账时出现的一个致命错误。尽管斯丁感到很羞愧，但最终还是被辞退了。

走时，财务经理与他谈了一次心：“小伙子，你很聪明，但不能聪明过了头。你很傲气，这可以理解。但工作需要的不是傲气，而是脚踏实地。别小看一个数字的错误，公司可能因此遭受巨大的损失，这个责任由谁来负？我的年龄足可以做你的父亲，本来我可以原谅你，但是我想如果不让你遭受一点挫折，你就很难吸取教训。希望你从此**不要盲目地说‘没有问题’，凡事多想想自己有什么做得不好或不够！**”

这个故事给了我们很深的启示。尤其是在这个越来越讲究职业操守的时代，以这种“没有问题”的态度来敷衍工作的人，只会越来越不受到欢迎。而事实上，许多无法挽回的失败，正是由于某些人“没有问题”造成的。哈佛有句名言：“**没有问题的时候，往往是存在最大问题的时候。**”当你在工作中自以为没有任何问题的时候，往往你正走在通向犯错误的路上。

英国有一家规模不大的公司，业务很稳定，也极少开除员工。有一天，资深车工卡特在切割台上工作了一会儿，就把切割刀前的防护挡板卸下放在一旁。没有防护挡板，虽然埋下了安全隐患，但收取加工零件会更方便、快捷一些，这样卡特就可以赶在中午休息之前完成三分之二的零件了。

不巧的是，卡特的举动被主管怀特逮了个正着。怀特大怒，令他立即装上防护板，并声称要作废卡特一整天的工作成果。

次日一上班，卡特就被通知去见老板。老板说：“你是老员工，应该比任何人都明白安全对于公司多重要。你今天少完成了零件，少实现了利润，公司可以在别的时间把它们补起来，可你一旦发生事故、失去健康乃至生命，那是公司永远都补偿不起的……”

离开公司时，卡特流泪了。他在这里工作的几年间，有过风光，也有过不尽人意的地方，但公司从来没对他说不行，可这一次，碰到的是触及公司灵魂的东西，这样的失误自然要付出代价。

虽然一直表现出色的卡特被开除了，但是怀特和老板的做法避免了出现伤亡事故，对卡特和公司来说，都是一种极好的保护。

这个故事告诉我们：一方面，在工作中，及时发现问题，可以避免出现重大的操作失误，这是每个从业者必须唤起的意识；另一方面，如果你看到同事潜在的问题，一定要及时告知和指导他，不仅能够避免出现大的失误，还能体现出你强烈的责任感。

要想成为成熟的从业者，成为成功的从业者，**你要时刻唤起自己的问题意识，不要在工作中的任何时刻掉以轻心，毕竟，问题就像潜伏着的火山，随时都有可能爆发。**如果能发现工作中的问题，并及时做出处理，或许，这对你是一个很好的机会，你会因此受益匪浅。

回想上学的时候，老师提问，有多少学生把头埋得很低，生怕被老师提问到；工作时出现问题，上司大发雷霆，又有多少员工胆战心惊，唯恐被老板点名批评。

人，天生有种避重就轻的倾向，习惯于在轻松的环境下生存，讨厌面对困难；人，天生有一种害怕责任、害怕承认错误的胆怯，总想能一帆风顺。在我看来，逃避问题的人，是懦弱的人。这种懦弱让我们在遇到问题时，习惯于把问题留给别人去解决，把错误留给别人去改正，把矛盾留给别人去处理，把困难留给别人去面对。而我们却在一旁庆幸自己可以溜之大吉，可以隔岸观火，好像获得了巨大的解脱。这是多么缺乏责任心的表现啊！

6. 将知识加以运用，才能产生力量

“知识就是力量。”培根的这句至理名言已举世闻名。但是随着社会的发展，知识已经渐渐成为基础性的事物，能够运用知识使之产生力量才是我们最终的目标。

现在的人们强调更多的是能力，当然能力最稳固的基础还是对知识的掌握。知识掌握得越牢固越丰富，就越容易激发人的能力。当然这也不是绝对的，拥有了知识之后，还要掌握将知识加以运用的方法，才能产生力量，而这一过程就是能力的体现。

现代化管理学主张对人进行功能分析：**“能”，是指一个人能力的强弱，是其长处短处的综合；“功”，是指这些能力是否可转化为工作成果。**

结果表明：宁可使用有缺点的能人，也不用没有缺点的平庸“完人”。可见，只有能够将知识转化为工作成果的人，才是企业真正需要的人才。

这样的人才必须学会学以致用。学习的目的、掌握知识的目的就是为了应用，是为了解决实际问题。如果读了许多书，学了许多知识，但只是把它奉为教条，或者束之高阁，只是用来装潢门面，借以吓人，那都是毫无意义的。学以致

用，就是要有的放矢，就是以各种理论知识为“矢”来射社会实践之“的”，做到理论联系实际，唯有如此，知识才能被转化为推进社会进步的力量。

多读书，读好书。在学校所学的东西不是用来应付考试的。要把所学的知识真正消化、吸收，应用到工作实践中去，才能印证“知识就是力量”的道理。

学以致用需要多思考，多实践。只有多思考，才能发现所学东西的真正价值，知道怎样用才能最有效。多实践，就要多动手，多行动，总结出更好的方法，这样就能起到事半功倍的效果，从而更快地提高自己，获得最终的成功。

很多人总以为那些成功的人之所以取得成功主要在于幸运，在于机遇。但机遇是偏爱有头脑有准备的人的，罗伯特的成功就验证了这一点。曾有一个商人问罗伯特：“您是靠什么成功的呢？”罗伯特非常肯定地回答说：“靠学习、不断地学习，并把所学的东西充分地应用到实践中。”罗伯特小的时候非常喜欢读书，他什么书都喜欢读。后来他来到纽约，做推销工作，也没有忘掉学习，他一面赚钱养家，一面博览群书。除了小说，文、史、哲、经济、科技方面的书他都爱读，因为他要了解前沿思想理论和科学技术。最终他成为一颗耀眼的商界明珠。

成功后的罗伯特曾经深有体会地说：“曾经在兴趣的支撑下努力地吸取知识的养分，心里十分骄傲，因为当别人的时间都用去消磨的时候，自己正在大踏步地前进，学问也日渐增长。可以说能有后来的事业成功，是因为能够把所学的知识都很好地应用到工作中了。”实践证明，不断地积累知识并将其用在日后的工作中，是每个人成功的秘诀。

正由于罗伯特刻苦勤奋、永不停步地学习，并学以致用，才使他如此成功。

可见，**学以致用、将知识进行转化运用是一种走向成功的能力，是一种使自**

己更轻松地前进的智慧。而不善于把知识变成能力的人，就会像无头的苍蝇四处乱撞，就会华而不实，很难获得真正的提高。这样的人，终其一生难成大事。

身在职场，不断积累知识固然重要，但是将所学到的知识消化后为自己所用则更为重要。使自己掌握的知识转化为能力，在不断的创新中把所学知识用到实践中去，这才能最终实现学习的目的。

一个送外卖的男孩把披萨送到了路易斯家里。

路易斯问："一般给多少小费？"

"我第一次给您送外卖。以前为您服务过的人都说，对于您这样的客人来说，如果我能得到25美分，那简直就是虎口里拔牙了！"

"为了证明他们的愚蠢，给你5美元！"路易斯随即从口袋里拿出5美元递给小男孩。

"谢谢！我会把这些钱捐给学校基金的。"

"你是学什么专业的？"路易斯问。

"应用心理学。"男孩回答道。

| Chapter | 3 |

毕业后，
才正是要开始学习的时候

［第三章］

③

思考

Chapter 3

俗话说：『活到老，学到老。』这句话表明学习是人一辈子的事情，永远都不会过时。正所谓『学而不思则罔，思而不学则殆』。这里的『学』，就是接受知识，这里的『思』，就是深入思考，并且根据自己已有的知识、经验对其进行发挥，有所创新。这句话说起来很简单，解释起来也不难，但要将其付诸实践并不断坚持，却有很大的难度。这也是我们在学习、实践中必须贯彻执行的。

>> POINT

1. 投资未来的人，是忠于现实的人

说到投资，人们就会觉得就是资本形成，就是在一定时期内社会实际资本的增加。随之一起浮现在脑海的还有厂房、设备和存货。其实投资有很多方面，对未来的投资即对自己的投资、对知识的投资，在当今社会已显得越来越重要了。

静止是相对的，运动是绝对的，地球每天都在转动，社会每天都在发展变化，人也是每天都在遵循着渐渐老去的规律。

在这个信息社会，知识爆炸，信息量呈几何级增长，科技发明令人眼花缭乱，生产和工作方式日新月异。每个人的知识都需要随时更新，今天的知识肯定跟不上明天的发展速度，因此不断学习才是保障自己不落后的唯一途径。这就需要每个人在忠于现实的基础上投资未来，在未来的投资中，知识投资显然是最为重要的。因为知识存在自己的脑子里，它只属于一个人。

很多人毕业于名校名专业，学历也够高，但是多年后，他们往往变得很是窘迫，就像我所知道的那个经理，原因如下：首先，他的知识已经严重老化了，他的工作和环境都决定了他已经无法触摸到当今世界的脉搏。早年学的那点东西可能早就过时了，不懂计算机，不懂英语，不懂网络，按照现在的标准，差不多是

文盲了，所以徒有一张十多年前的名牌高校文凭有什么实际用处？

正如一句名言：**如果你一直在做你过去所做的，你会一直得到你过去所得到的。**因此人要懂得投资未来，在这其中，对自己的教育投资才是最保险的投资。

很多人也许会想到对股票、固定资产或其他形式的财产等进行投资。而实际上，最有益的投资是自我投资，即对那些能够增加精神力量和效益的学习和训练进行投资。凡是有智慧的人都知道，这种投资在五年以后会让自己变得多么强大，这并不是取决于他们在未来五年做些什么，而是取决于他们今年做了些什么、投资了什么。要得到利润，要想在将来得到高于“正常”人收入的额外收入，你必须对自己进行投资。成功人士从不吝惜对自我的投资，即为接受教育投资和为开动自己的思想机器进行投资，因为他们懂得这会在将来给自己带来可观的利润。

确实，教育是一个人对自己进行的最重要的投资。一个文凭或学位也许能够帮助你在毕业时找到一份满意的工作，但它不能保证你在工作上的进步。商业最注重的是能力，而不是文凭。对某些人来说，**知识意味着一个人的脑子里储藏有多少信息，能转化成哪些能力。**

真正的知识投资，值得投资的是那些能开发和培养你的思维能力的东西。一个人接受教育程度的高低，就是要看他的思维能力得到了多大的开发，而能改善思维能力的方法就是接受教育、接纳知识。因此，对未来最好的投资就是进一步开发自己的大脑思维，不断地储存知识、转化知识，而并非为了一纸文凭而去学习，这才是忠于现在、对将来进行的最保险的投资。

一位经理与一位备受尊敬的财务顾问约好要去拜访他。经理走进了顾问精心装饰的接待室。令人惊讶的是，经理并没有见到接待人士，而是见到两扇门，一扇门上面写着“被雇用人士”，另一扇写着“自雇人士”。他走进“被雇用人士”的门，在里面又见到两扇门，一扇标着“收入超过四万美元的人”，另一扇为“收入少于四万美元的人”。这位经理的收入少于四万美元，所以他就走进了后者，却又见到了另外两扇门，左边一扇上写着“每年存两千美元以上的人”，右边则是“每年存两千美元以下的人”。经理在银行里只存了一千美元，所以他走进了右边的门，却惊讶地发现他又回到了公园大道。这位中年经理一时摸不着头脑，随即又摇头叹息起来。

这是一个痛苦却显而易见的事实：故事中的经理永远都摆脱不了窘境，除非他选择打开另一扇门。故事的含义在于，其实大多数人都如经理那样——他们会选择打开把他们带回起点的门。人们得到不同结果的唯一途径是打开不同的门，对吗？

2. 你从工作中学到的，比眼前的报酬更可贵

在职场中，有一个不变的真理，也是职场人必须遵循的原则，那就是：在工作中学习，在学习中工作，这是实现自己不断发展的重要途径。这一过程也是学会创造自己工作价值的过程，而价值等于目标加努力。

有些人步入职场后眼睛盯住的只有报酬，关心的是什么时候报酬才能涨，其实这样做的结果是因小失大。因为初入职场的你，事业才刚刚开始，此时重要的是积累经验、学习进步。很多时候薪酬是与能力相通的，通过不断地学习、积累和发展，到了一定程度之后，报酬也自然会达到更高的程度。通俗地说，就是自己会更值钱。**如果初入职场就只看重报酬而不是学习，那自己的薪酬自会越看越低，因为你已没有前进的潜力，所以只会变得越来越矮。**

职场新人进入企业，过渡过程越短，与企业融合得越快，发展得就越快。这个过渡过程时间的缩短，要靠新人们自己的努力，别人只能帮你，而不能替代你，所以主动学习才是关键，要实现在工作中学习，在学习中工作：

1.要在工作中学习并深入了解公司的行业、企业、部门状况。	有人认为这是入职前的工作，但是入职前，作为一个门外汉很难切身体会一些深入的东西，也就难有深刻的理性认识，只能停留在一般人的感性认识上。因此，入职后，还是要深入了解行业情况如何？自己还需要补充哪些技能？熟悉公司内部的组织结构，熟悉工作环境，积累职场经验，加紧学习专业技能，提高自己的核心竞争力……这些都需要花大力气、下大工夫去学习。
2.通过学习，在工作中找到打响第一枪的突破口，“良好的开端是成功的一半”。	这就要在工作中学会适应艰苦、紧张而又有节奏的工作生活，适应制度，适应做事风格。同时明晰自己的职业定位，不断积累经验、提升能力，为今后的职业发展打下一个良好基础，形成一条有延续性的职业发展道路。
3.向自己的上司或老职员学习和提高解决问题的能力。	初入职场不能好高骛远、自命不凡，对有些事情不屑去做，总认为自己应该去做更大、更重要的事情，而且期待高薪高职。这些当然都没有错，但核心的问题是：必须要站好眼前的岗位，做好负责的每项工作，让你的老板发现你有做经理的潜质，有培养的价值，并让老板因为你的出色业绩而不断做出提升职位的决策，最后你会成为公司独当一面的挑大梁的人才。

4.先做适者，后做能者，因为适者生存，能者成功。	职场如战场，这场没有硝烟的战争不会有永远的赢家和输家。对新人来说，没有工作经验，缺乏实践，这是可以理解的，但是态度要端正，学习要努力，不能眼高手低，要从自我做起，脚踏实地，扎住根才会枝繁叶茂。
5.正确认知和估量自己，脚踏实地、从小事做起，从基层做起。	既然是新人就是要学习然后才能做事，因此要从辅助性工作做起。学习要认真，态度要恭敬，行动要勤勉，尽快融入同事圈中，这样更利于自己的学习。
6.学会妥协，是职场制胜法宝。	做好自己不愿做的事，学会妥协，向职场妥协，向现实妥协。无论什么样的工作都表现出积极主动的态度和行动。认真克服自己的抵触心理，学习自己不喜欢领域的知识。
7.正确认识自己，摆正自己的位置。	摆正自己的位置，就会明确自己的不足，使自己的学习更有方向性和针对性，自我提升的速度也就更快。
8.在工作中学习如何不断提高自己的情商指数。	情商，涵盖了自我情绪的控制调整能力、对人的亲和力、社会适应能力、人际关系的处理能力、对挫折的承受能力、自我了解程度以及对他人的理解与宽容等。这些都是职场成功者所必需的能力。

9.在工作中学习和感悟办公室政治，妥善处理人际关系。	与周围同事处理好关系，同事们可以帮助你，指点你，向你传授经验，会有利于自己的学习和进步。处理好人际关系就要学会谦虚、热情、诚恳待人，以交朋友的方式处理与周围同事的关系。这样才不会树敌太多，阻碍自己的发展。

总之，做到老，学到老。当今社会竞争在加剧，学习不但是一种心态，更应该是我们的一种工作和生活方式。不学习的人就不会提高，不会进步，也就毫无竞争力可言，那么日后自己的高薪梦想也就自然难以实现了。

小猫越来越大了，猫妈妈正在思考什么时候让小猫自己出去独立生活和觅食的问题。有一天，猫妈妈把小猫叫来，说："你已经长大了，三天之后就不能再喝妈妈的奶了，要自己去找东西吃。"小猫惶惑地问妈妈："妈妈，那我该吃什么东西呢？"猫妈妈说："你要吃什么食物，妈妈一时也说不清楚，就用我们祖先留下的方法吧！这几天夜里，你躲在人们的屋顶上、梁柱间、陶罐边，仔细地倾听人们的谈话，他们自然会教你的。"

第一天晚上，小猫躲在梁柱间，听到一个大人对孩子说："小宝，把鱼和牛奶放在冰箱里，小猫最爱吃鱼和牛奶了。"第二天晚上，小猫躲在陶罐边，听见一个女人对男人说："老公，帮我一个忙，把香肠和腊肉挂在梁上，小鸡关好，别让小猫偷吃了。" 第三天晚上，小猫躲在屋顶上，从窗户看到一个妇人叨念自己的孩子："乳酪、肉松、鱼干没吃完，也不知道收好。小猫的鼻子很灵，明天你就没得吃了。"就这样，小猫每天都很开心，它高兴地对妈妈说："妈妈，您可真有智慧，我每天坚持倾听，果然每天都能得到有利于我的答案。"

3. 你从工作中学到的越多，你就会赚得越多

人的一生都在成长，也必须成长才能使人生得以精彩和有意义。成长需要热情，没有热情，成长和发展的机会从何而来？热情表现在哪里？成长和发展如何体现？就是要对你的工作倾注热情。

职场成长的第一要素就是学习。从工作中学到的东西越多，那么为成长积累的财富就越多。因此职场成长的秘诀就是勤奋，正所谓“勤能补拙”“勤奋可以创造一切”，有人认为现在时代已经变了，勤奋已不再是职场中乃至商战中成功的法宝了，另辟蹊径也许来得更快些。实则不然，因为成长的前提是学到东西，只有勤奋能帮你获取得更多。

初涉职场的年轻人都有这样的感觉，自己做事都是为了老板，为老板赚钱。其实，这是情理之中的事。如果老板不赚钱，你怎么可能在这家公司待下去呢？

但也有些人认为，反正是为人家做事，能混就混，公司亏了也不用我去承担，甚至还扯老板的后腿。其实，这样做对老板、对你自己都没有好处。

事实证明，**勤奋的人能从工作中学到比别人更多的经验，而这些经验便是你向上发展的踏脚石**，就算你以后换了地方，从事不同的行业，丰富的经验和好的

工作方法也必会为你带来助力，你的敬业精神也会为你的成功带来帮助。因此，**把敬业变成习惯的人，从事任何行业都容易成功。**

正如英国画家雷诺兹所说：**“天才除了全身心地专注于自己的目标，进行忘我的工作以外，与常人无异。”**

美国的开国元勋之一亚历山大·汉密尔顿也说过：“有时候人们觉得我的成功是因为天赋，但据我所知，所谓的天赋不过就是努力工作而已。”

有些人天生就具有勤奋工作的精神，任何工作一接手就废寝忘食，但有些人则需要培养和锻炼勤奋工作的精神。如果你自认为勤奋的精神还不够，那就强迫自己开始勤奋工作，以认真负责的态度做任何事，让勤奋工作的精神成为你的习惯。

工作每天都有新情况、新挑战，每天都要面对新事物，学习与工作相伴。能够适应工作，实现自我而不被淘汰，靠的是实力，而实力来自自身。虽说现代社会的机会很多，但要是不学习的话，必然也会逐渐落后于社会。**只要天天学习，就会天天有进步、天天有机会，工作才会富有生机。**

在工作中学习技能是最直接、最实用的。但是工作范围往往庞大复杂，要学的知识太多。因此，要想学得更多，就要做更多的工作，这样涉猎的知识面才能更广泛。说到底，勤奋工作才是基础。

做一个勤奋工作的员工，或许不能立即为你带来可观的收入，但可以肯定的是，如果你养成“不勤奋工作”的不良习惯，你的成就就相当有限。因为你的那种散漫、马虎、不负责任的做事态度已深入你的意识与潜意识，做任何事都会有“随便做一做”的直接反应，其结果可想而知。如果一个人到了中年还是如此，很容易就此蹉跎一生。当然也说不上由弱变强、改变一生了。

因此，短期来看，“勤奋工作”是为了老板，长期来看还是为了你自己，为了赚取自己更美好的未来！因为勤奋工作的人才有可能由弱变强。因为，勤勉的工作态度总是容易受人尊重。就算工作绩效不怎么突出，但别人也不会去挑你的毛病，甚至还会受到你的影响。勤勉的员工往往是上司眼中的可造之材。任何老板都喜欢勤奋工作的人，因为你的勤奋工作可以减轻老板的工作压力，你勤奋工作，老板就会对你放心，自然会将你视为“骨干”和“中坚”。

现代社会变得最快的就是“改变”，一切都存在着变量，唯有学到的本领是不变的，因此，一定要做一个学习型的现代职场人士。不断磨炼和培养自己的勤奋工作精神，因为勤奋工作会教你更多的经验和知识，以后无论你身处什么位置，从事什么工作，这些知识都将为你所用。

罗杰现在对自己的工作很不满意。

有一天，他忿忿地对朋友说："我的上司一点儿也不把我放在眼里，改日我要对他拍桌子，然后辞职不干！"

"你对你的上司足够了解吗？对于他做公司业务的窍门你完全弄清楚了吗？"朋友反问道。

"没有！"罗杰说。

"你现在的情绪太过激动，我建议你还是好好地把你上司一切的业务技巧、商业文书和管理诀窍完全搞懂，甚至连一些小事也要学会，然后再辞职不干。"朋友说。

罗杰觉得朋友的"建议"有道理——把上司当作免费学习之所，什么东西都懂了之后再一走了之，这样不是既出了气又有许多收获吗？自此，罗杰开始了默记偷学的行动，甚至下班之后，还留在办公室钻研当天上司对某件事的处理方法。

一晃一年过去。一天，罗杰又和那位朋友见面了。朋友问："你现在大概把上司的一切都学会了，可以准备拍桌子不干了吧？"然而，那人却红着脸说："可是我发现近半年来，上司对我刮目相看，最近更总是委以重任，又升职，又加薪。我现在不仅成为了上司的左膀右臂，而且还是彼此深入了解的知己！"

4. 知识不一定要记在心里，能够运用到实践中即可

人们常说：缺什么想什么，吃什么补什么，滥吃一气什么也补不了，职场人士的知识学习、继续教育、充电提高也是如此。

现在的职场人士对充电学习简直是了如指掌，这已经成为繁忙工作之外的最重要的生活内容。人人都有感受，随着社会的发展，职场竞争越来越趋于白热化。已经在职的员工，为了饭碗端得牢靠，竞相忙着充电，例如拿形形色色的资格证书，有证必考，有证必拿。很多人以这种方式不断学习、充实己的动机是没有错的，但是没有任何选择和规划的盲目学习就不对了，谁也不能把自己塑造成一个“万金油”似的人才，术业有专攻，还是要在自己的专业上下工夫，做到能人所不能，这才是明智之选。因此，**不一定要把所有的知识都记在心里，能够取得对自己专业和事业有帮助、有发展的知识即可。**

纵观商界、职场的各位精英，他们从来都是尽可能多地了解自己领域的专业知识，以此为主，而不是以成为“大英博物馆”似的人物为目标。因为成功的基础之一，就是自己对即将从事的领域拥有深入的知识，或者说拥有某一领域的专业知识。缺乏对所从事行业的了解往往是导致失败的主要原因之一。

炸薯条的技巧居然能够成为一个世界五百强企业带头人要学习和研究的知识，不可思议吧！但是，在购买麦当劳前，为了发现麦当劳兄弟美味的炸薯条秘密，雷·克洛克不停地寻找，就像一个侦探在搜寻线索一般。后来，他不断地改进炸薯条的方法直到满意为止。他的努力得到了回报，麦当劳今天如此受欢迎的原因之一就在于它美味的炸薯条。雷·克洛克之所以这样做，是因为他未来的事业要在这项技能上取得突破，他需要这些知识。

很多成功人士从不把在学校的时间多少与学问的高低混为一谈。有些人在学校念了很多年书也没有什么学问；有些人念书不多，但学问却非同小可。因为他们的关注点是不一样的：**能获得成功的人关注的是他们所学到的知识会为他们带来什么，而大多数人关注的是他的文凭会为他带来什么。**其实质的区别就是成功人士只是取得那些对自己有用的知识即可，而不是将精力全部放在“博览”所有知识上，因此他可以有更多的精力研究自己领域内的东西，自然更容易取得成果。

简与苏珊是从小一起长大的好朋友、好邻居、好同学。但是两人的资质相差甚远，简生得美丽漂亮、聪慧活泼，而苏珊则显得更为普通，且有些呆板。从小学到中学，简一直是班级干部，而且是同学心目中的偶像，因为她就像是一部百科全书，别人谈论的所有话题她都要参与其中，别人知道的所有知识（但凡是自己还不知道的）她都要恶补，哪怕是男同学谈论的球赛、球员、军事、地理，她也要购买相关书籍、查阅相关资料，为的是下次讨论，自己能以“专家”的身份自居。

苏珊则不同，她总是默默地做着自己喜欢的事，除了数学，她从不指点别人，也不会主动参与自己不熟悉领域的讨论。有时候同学们都觉得她什么都不会，是个不灵光的学生。

多年以后，大家惊异地发现：原本同学们寄予厚望的简只是在一个小小的杂志社任职，且不被同事们所喜欢，因为没人喜欢她“万事通”的性格和做法，尤其是在职场，因此她的发展很一般。而苏珊则出乎意料地成为著名大学的教授，在数学界也已小有名气。回想以前的二人，同学无不感慨。

是呀，我们生活在快速变化的时代，今天我们发现有用的东西明天就可能过时。托普勒曾经这样写道：“我们现在生活在一个为我们提供了无限机会的年代。传统对我们的影响越来越小，我们无论年龄大小，都面临无数条新的路径。”

为了跟得上快速变化的时代，每个人都必须保持警觉，渴望成功的人必须不断地学习各自领域的知识，生活在好奇心和奇想之中，维持自己学习的愿望。注意：是学习各自领域的知识，而不是像上述案例的苏珊，什么知识都想掌握，其结果就是对知识也不专、也不精，只是泛泛的了解而已。

若想在职业道路上走得远，走得稳，走得深入，就必须将有限的精力投入到与自己事业发展相关的知识学习上去，而不是漫天撒网似的学习。

看到大家都在玩PSP很羡慕，好不容易存了钱买了一台PSP，心中当然很开心。结果第二天拿着PSP找朋友一起玩时，朋友却玩着智能手机，并说：“PSP已经过时了，没有人会再玩它了。”

我们生活在快速变化的时代，今天我们发现有用的东西，明天就可能过时。所以，必须时时刻刻保持学习的精神。

5. 知识必须经由行动产生利益，否则无用

从某种角度来说，知识是一种无形的东西，它在人脑中指挥着人的行动，通过它的指挥，人做出这样那样的动作，这些动作作用于自然界或者社会产生了利益，这时候人们看到的是知识的力量。

反过来说，当知识只存在于大脑中，不能经由行动转化成利益时，人们是不会觉得知识对人类有益的。就像几何学，它应用于建筑中，我们看到了高耸漂亮的房子，于是觉得几何知识的力量真是伟大；但如果它没有经过行动以“漂亮房子”的外在形式表现出来，那么谁又能看到、感受到或者去承认几何知识的力量呢?

有一位渔夫，捕鱼的技术超群，在整个县城都很有名。然而“渔王”年老的时候非常苦恼，因为他的三个儿子的渔技都很平庸。于是他经常向人诉说心中的苦恼:“我真不明白，我捕鱼的技术这么好，我的儿子们为什么这么差？我从他们懂事起就传授捕鱼技术给他们，从最基本的东西教起，告诉他们怎样织网最容易捕捉到鱼，怎样划船最不会惊动鱼，怎样下网最容易请‘鱼’入瓮。他们长大了，我又教他们怎样识潮汐、辨鱼汛等等。凡是我长年辛辛苦苦总结出来的经

验，我都毫无保留地传授给了他们。可直到现在，他们的捕鱼技术也没有太大长劲，甚至还不如普通人。"

一位路人听到这里，上前问道："渔夫先生，您一直是很细心地教给他们每一个细节吗？"

"当然了。"渔夫答道，"为了让他们技艺精湛，我都是耐着性子，手把手教的他们。"

"那他们也一直跟随您学习吗？"路人又问。

"是的，为了不让他们误入歧途，我一直要求他们跟我学习。"

路人说："这就对了，看来错在你，不在孩子们呀。"

渔夫很惊讶："为什么？"

路人继续答道："你只教会了他们捕鱼的原理，却不能放手让孩子自己去实践，他们不能从自己的实际行动中将您教给自己的知识化为实实在在的利益，自然不会对您口述的技巧产生兴趣，激励作用就更不用说了，因此他们很难进步。"

知识就是力量，二者之间最大的转化剂就是行动。虽有古语说"腹有诗书气自华"，但是不具备将知识转化为实际行动的能力，还是远远不够的。

话说一个人买了5斤肉，结果回家一称少了半斤，这事正好被四个老师听说，他们都执意要去与卖肉的理论。

来到卖肉的面前，化学老师先说话了：“师傅，肉是氢、氧、碳三种元素的结合，难道你的肉，氢和氧结合得太多？要知道肉是脂肪不是烃物质，怎么一下子就挥发了半斤呢？”

语文老师也不甘示弱，对卖肉的进行教育：“你是偷偷摸摸的老鼠，我是紧紧跟踪的摄影机。你问问你的良心，它是最公正的法官，看它怎么发落你……”

这时数学老师说：“不要这样呀，半斤肉，3.5元钱，还看不了一场电影，洗不了一次头发，你少给半斤肉是正数，我们少了半斤肉是负数。总之大家都是有理数！”

卖肉的哪里听得懂，于是将语文老师按倒在地，这可吓坏了英语老师，她大喊了一句“Pig！”，然后扶起语文老师，喊大家走。走到半路，她说：“我用英语骂他是头猪，知识就是力量，一个卖肉的哪里懂。”

这是一个极具讽刺意味的故事，四位老师掌握的知识涵盖面可谓广泛了，可他们却不知道知识不是不分场合搬出来就能解决问题的，它需要转化，需要通过行动去证明。因此我们要将其转化为能够帮助自己工作和发展的具有实际意义的利益，发挥知识的力量。

6. 学习一个人的优点，胜过挑剔他的缺点

在职场中，有两种人：一种长了一双天使的眼睛；另一种长了一双魔鬼的眼睛。前者总是把周围的人作为自己免费的教科书，不断研究他们身上良好的优点，从中学习知识和经验；而后者总是在挑剔周围人身上的缺点。于是这两种人逐渐成长为职场天使和职场魔鬼。

平心而论，谁都想成为职场天使，那么做事就要讲究方法了，好的方法能够事半功倍，而不好的方法却让你事倍功半。做事要善于动脑，善于从接触的任何人身上学习，学习他的优点。每个人都有值得别人学习的优点，所以每个人都是天使，都值得你去学习。**运用你的智慧，发现他的优点，学习他的优点，不断提高和完善自己。**

日常生活中，人们总是更容易发现别人的缺点。人非圣贤，孰能无过。世界上没有十全十美的人，人们在工作、学习、生活中总会存在这样那样的缺点和错误。**聪明的人总是暗暗学习别人身上的优点，愚蠢的人才会抓住别人的缺点不放松。**

有一位印度先生与一位身姿绰约、貌美如花的女人结了婚。婚后，两人情

比金坚、恩恩爱爱，是人人称羡的神仙美眷。这个太太眉清目秀，性情温和，美中不足的是长了个酒糟鼻子。柳眉、凤眼、樱桃嘴，本该令人惊艳的瓜子脸蛋偏偏镶了个酒糟鼻子，好像失职的艺术家，对一件原本足以傲世的艺术精品，少雕刻了几刀，显得非常的突兀怪异。丈夫对于太太的鼻子终日耿耿于怀。

一日出外去经商，行经一贩卖奴隶的市场，宽阔的广场上，四周人声鼎沸，人们争相吆喝出价，抢购奴隶。广场中央站了一个瘦小清癯的女孩子，正以一双泪眼，怯生生地环顾着这群如狼似虎、决定她一生命运的男人。这位丈夫仔细端详女孩子的容貌，突然间，被深深地吸引住了。好极了！这女子脸上长着一个端端正正的鼻子，不计一切，买下她！丈夫以高价买下了长着端正鼻子的女孩子，兴高采烈，带着女孩子日夜兼程赶回家，想给心爱的妻子一个惊喜。到了家中，把女孩子安顿好之后，以刀子割下女孩子漂亮的鼻子，拿着血淋淋而温热的鼻子，大声疾呼："太太！快看，我给你带来了什么，你一定会喜欢的！"

太太急急忙忙赶出来："出什么事儿了？"

"看！多美的鼻子，特意为你买的。"

只见妻子一头雾水，丈夫话音未落。突然抽出怀中利刃，一刀朝太太的酒糟鼻子砍去。霎时，太太的鼻梁血流如注，酒糟鼻子掉落在地上，丈夫赶忙用双手把端正的鼻子嵌贴在伤口处。结果可想而知，妻子失去了自己的鼻子，也无法得到那个女孩的美丽鼻子。

这位丈夫看来是位完美主义者，在做事的时候总是力求不存缺憾。自己的妻子已经身兼很多优点了，唯有这么一点缺点他却不能容忍。关键是他只把眼光放在了这一点缺点上而不是放在那些众多的优点上。

其实，看到别人身上的优势并不是目的，只是前提。目的是对别人的良好优点加以研究，深入学习，以弥补自身的不足或填补自身的空白，从而实现自身水平的提高。

身在职场就更要深知“尺有所短，寸有所长”的道理。如果你是上司，在用人时就该懂得这个道理，善用人的长处，发挥他们优点，是因人成事的第一要务；如果现在你还是职员，也要深知这样的道理，双眼只盯着别人的缺点不仅不利于自身的提高，还会影响人际关系；**关注别人的优点不仅能够赢得别人的好感，更是抓紧学习、提高自己的重要契机，何乐而不为呢?**

一位老师在给同学开班会时拿出一块白板，并在这块白板上点了一个黑点。

他问大家："你们看到了什么？"

学生高声回答："一个黑点。"

老师故作疑惑地说："这么小的黑点你们都看得到，那后面这么大一块白板你们都看不到吗？"

你看到的是什么？每个人身上都有一些缺点，但是你看到的是哪些呢？是否只看到别人身上的黑点，却忽略了他拥有着一大片的白板（优点）？其实每个人都必定有很多的优点，换一个角度去看吧！你会有更多新的发现。

| Chapter | 4 |

值得深交的一个人：“信心”先生

[第四章]

4

思考

Chapter 4

人生事业之成功，亦必有其源头，而这个源头，就是梦想与自信。

信心不能给你需要的东西，但却能告诉你如何得到，在人的一生中，自信是最不可缺少的品质之一。不幸很少会纠缠那些有希望和信心的人，除非你愿意，否则没有人能破坏你对任何事情的信心，它可以使不可能变为『可能』。

>> POINT

1. 信心与经验一样，会愈用愈多

当我们玩游戏的时候，如果我们过了一关，就会很高兴，同时也会建立自己再打过第二关的信心。

生活中，当我们达成了一个目标，我们就不会对下一个更大的目标感到恐惧，就会充满信心地向下一个目标迈进，这就是进取心，就是信心越用越多的道理。

艾美作为一家子公司的营销策划人员，她凭借自己的信心看准了"白雪"洗发精——这款被公司视为失败的产品。这是一种价格低廉而且不含添加剂的洗发精，虽然没有华丽的包装，但却能吸引讲究实惠的消费者。于是她决定再次为"白雪"全力以赴，将它再呈给管理阶层，并告诉他们"白雪"的价值所在。最后管理阶层接受了她的提议，而"白雪"竟成为该公司销量最好的洗发精之一。

由于"白雪"销售成功，艾美成为该公司一家分公司的负责人。于是，她研发了一系列新的护发产品，而这些产品最后也都成了市场宠儿。如今艾美已成为布瑞尔通讯的执行副总裁，该集团所从事的正是市场营销服务。由于她不断地以她的个人进取心为公司引进更多更好的产品，故而得到今天的职位，可说是实至名归。哈佛商学院也颁给她“马克斯和柯恩卓越零售奖学金”，而《美金和意识》杂志称许她为“前一百名商业职业妇女”之一。对自己眼光的绝对信心，使艾美获得认同、进步和成功。

一个人一旦形成强烈的自信心，只要心存进取，即使是最微弱的进取心，也会像一颗天堂里的种子。只要经过培育和扶植，他的信心就会茁壮成长，开花结果。

上帝在所有生灵的耳边低语：“努力向前。”如果你发现自己在拒绝这种来自内心的召唤，这种催你奋进的声音，那你可要注意了。如果你真的是这样，那么，这种声音就会越来越微弱，直至消失。到了那时，你的信心也就衰竭了。当这个来自内心、促你上进的声音回响在你耳边时，一定要注意聆听它，它是你最好的朋友，将指引你走向光明和快乐，将指引你到达成功的彼岸。

人的生命是有限的，生命不息，奋斗不止。生命的价值就在于奋斗，在于不断地进取，一旦我们受到这种不可动摇的进取心的驱使时，我们的信心就会不断壮大，就会形成一种不断自我激励、始终向着更高目标前进的习惯。我们会激发出前所未有的信心和力量，而我们身上的许多不良习惯也会逐渐消失。

生活中，舒适的诱惑和对困难的恐惧，以及对世俗的妥协征服了许多人。许多人就是这样，熄灭了自己的进取之心，隐匿于平庸无奇的柴米油盐当中，麻痹自己的心灵，得过且过地敷衍着单调的分分秒秒。

然而成功者却不是这样。有人问一位在美国地位很高的女经理人，成功的秘诀是什么？那人回答说：“我还没有成功呢！没有人会真正成功。前面总是有更高的目标。”因为，随着她们的进步，她们的标准会越定越高；随着她们眼界的开阔，她们的信心会逐渐增长。如果你在一个平庸的职位上得到了不错的薪水，就会缺乏向更高位置努力的动力，那是非常危险的，因为你的信心开始逐渐消磨。虽然你有能力做得更好，但是因为你满足于现状，所以你也许永远都只能原地踏步，从而使你的目标可望而不可即。

对于更高目标的信心总是激励人们为了更美好的明天而奋斗。成功来源于不断增强的信心，犹如果实来源于花朵。没有一点野心的人，肯定是成就不了大事业的。每个成功人士的野心就是增强自信、不断超越自我的进取之心，这也是他们一步步走向人生辉煌之巅的资本。

进取心就好像一粒种子，只要努力加以培植和扶植，就会茁壮成长，开花结果。所以，有进取心、求上进的重要条件是要能吃苦，不怕受累，改掉裹足不前的坏习惯。

无数的事实证明，人的潜力是无穷的。犹如我们在大地上挖掘，每一锹都会有新的收获。所以只要我们的目标被理性所确认，锲而不舍的毅力和踏踏实实的态度就是我们奔向成功的动力。**只有暮气沉沉的落伍者，绝没有干劲十足的失败者。**

那么就让那些毫无自信、妄自菲薄、庸庸碌碌、无所用心的想法远去吧。振奋起精神，焕发出热情，以不屈不挠的大无畏精神向大自然索取属于人类未来的财富，人生的必将开出成功璀璨之花！

当我们玩游戏的时候，如果我们过了一关，就会很高兴，同时也会建立自己再打过第二关的信心。

生活中，当我们达成了一个目标，我们就不会对下一个更大的目标感到恐惧，就会充满信心地向下一个目标迈进，这就是进取心，就是信心越用越多的道理。

2. 除非你愿意，否则没有人能破坏你的信心

奥格斯特·冯史勒格曾说过："在真实的生命中，每桩伟业都以信心开始，并由信心跨出第一步。"世界上最可怕的敌人，也就要算"没有坚强的信念"了。

在人生的旅途中，你是你自己唯一的船长，千万不要让别人驾驶你的生命之舟。你要稳稳地坐在舵手的位置上，决定自己何去何从。一些人生目标具有挑战性，是因为它本身包含了很多的未知因素，在这些挑战面前，你的信心将起重要的作用。如果你对自己要实现的目标失去信心，表现出畏难情绪，从心理上就已经埋下了失败的种子；如果充满信心，积极主动去迎接挑战，就可以将一些原本可能影响心理波动的因素挡在外，以一种良好的心态积极面对挑战，也有助于对问题的正确判断。

弗兰克是一位决定论心理学家，这主要是受弗洛伊德心理学派影响颇深的缘故。他在纳粹集中营里经历了一段凄惨的岁月后，开创出了独具一格的心理学流派。弗兰克的父母、妻子、兄弟都死于纳粹魔掌，而他本人则在纳粹集中营里受到严刑拷打。有一天，他赤身独处于囚室之中，突然有了一种全新的感受。也许，正是集中营里的恶劣环境让他猛然警醒："即使是在极端恶劣的环境里，人

们也会拥有一种最后的自由，那就是选择自己的态度的自由。”

弗兰克的意思是说，一个人即使是在极端痛苦、无助的时候，依然可以自行决定他的人生态度。在最为艰苦的岁月里，弗兰克选择了自信的、积极向上的态度。他没有悲观绝望，反而在脑海中设想，自己获释以后该如何站在讲台上，把这一段痛苦的经历讲给自己的学生听。凭着这种积极、乐观的思维方式，弗兰克在狱中不断磨炼自己的意志，让自己的心灵超越了牢笼的禁锢，在自由的天地里任意驰骋。弗兰克在狱中发现的思维准则，就是说**每个人在追求成功时都要具有一定的人生态度，这个态度就是要充满自信、积极主动地迎接挑战，面对困难。**

如果你的公司空出了重要的职位，你没有做过这个工作，但你认为这是给你的一种挑战，那么能不能不怕失败，主动要求去做这项工作？这时候，有些人会首先谈条件，但实际上这个挑战本身就是一个机会，如果你能做下来，公司看到你可以做更困难的工作，会给予奖励。如果不给，你也提升了你的价值，在选择别的公司时就有更多的筹码。

没有信心，消极被动的人总是在等待命运安排或贵人相助。对一件事情，他们总认为太困难了，自己无法完成，需要降低或放弃目标。但是拥有自信的人对自己总是有一份责任感，认为命运操纵在自己的手里，自己可以达到自己的目标，实现自己的梦想。

面对挑战可能会失败，但逃避挑战一定会失败。一个人如果对于自己的能力都不自信，那他的一生绝不会成就重大的事业。

苹果计算机以其精致、耐用等特点享誉全球，它的创始人叫乔布斯。乔布斯在正式创立苹果计算机公司前，已有两项成功的记录，一是卖出五十部自行组装的Apple I计算机，另一次则是制造了一种防电话盗打装置。这些成功经验使乔布斯对创建苹果计算机公司充满信心。

于是，年仅二十岁的乔布斯就一手创起了苹果计算机公司。他拼命工作，让苹果计算机在十年内从一间小工厂，扩大成一家员工超过四千人、市价二十亿美元的公司，因为他推出了一个很棒的产品——麦金塔计算机。但是在他三十岁时，因为与董事会对公司未来的愿景不同，董事会炒了他鱿鱼。乔布斯说："曾经是我整个生活重心的东西不见了，这令我不知所措。"但乔布斯还是热爱着他的计算机事业，被苹果免职的事件丝毫没有改变他的目标。他虽被否定了，但他的信心依然坚定，这源于他的目标。于是他决定再来一次。

后来的五年里，乔布斯创办了NeXT和皮克斯两家公司。皮克斯接着制作了世界上第一部全计算机动画电影《玩具总动员》，现在是世界上最成功的动画制作公司。然后，苹果计算机买下了NeXT，乔布斯回到了苹果，NeXT发展的技术也成了苹果计算机后来的技术核心。

为何乔布斯可以不断成功。如果乔布斯没有明确的目标，他就不可能会有那么坚强的信心，也就不会在被免职的人生最低潮时刻，创立了两个更难创办的Pixar动画公司及NeXT计算机公司。

从乔布斯的例子来看，一个人能否成功创业，取决于一个人是否有目标和百折不挠的信心，正如乔布斯所说："不要丧失信心。这是这些年来让我继续走下去的唯一理由。"

人生的旅途十分短暂，要珍惜自己所拥有的选择权和决策权，虽然可以参考

别人的意见，但千万不要随波逐流。不能让任何人破坏你实现自己心中目标的自信心。请记住：只有对自己的目标充满自信的人，才能在瞬息万变的竞争环境中赢得成功。

安迪是一个对什么事都不大满意的人。有一次，朋友鼓起勇气劝他说："我见过很多成功的人，他们无一例外充满信心并且愉快和积极。所以，你也要有信心，尽量积极地考虑问题。"安迪则以"你有所不知"的口吻回答朋友说："那是因为那些人是成功的。如果我像他们那样成功，你不让我积极，我也会变得乐观积极。"

从安迪的强词夺理中，我们就知道他不会拥有自信心，因为他自己赶走了自己的信心。

3. 所有伟大的奇迹，都只是信心的力量

听过那句话吗？你相信什么，就能成为什么。因为**世界上最可怕的两个词，一个叫认真，一个叫自信。认真的人改变自己，自信的人改变命运。**所有伟大的奇迹，都是信心激发出的力量而已。

威尔逊的创业资本就是一台价值五十美元的爆米花机，而且是一台分期付款的爆米花机。第二次世界大战结束后，威尔逊做生意赚了点钱，便决定从事地产生意。如果说这是威尔逊的成功目标，那么，这一目标的确定，就是基于他对自己的市场需求预测充满信心。当时，在美国从事地产生意的人并不多，因为战后人们一般都比较穷，买地皮修房子、建商店、盖厂房的人很少，地皮的价格也很低。当亲朋好友听说威尔逊要做地产生意，异口同声地反对。而威尔逊却坚持己见，他认为反对他的人目光短浅。他认为虽然连年的战争使美国的经济很不景气，但美国是战胜国，它的经济会很快进入大发展时期。到那时，一旦买地皮的人增多，供不应求，地皮价格一定会成倍成倍地向上暴涨。

于是，威尔逊坚定了要投资土地的信心。他用手头的全部资金再加一部分

贷款在市郊买下很大的一片荒地。这片土地由于地势低洼，不适宜耕种，所以很少有人问津。可是威尔逊亲自考察了以后，还是决定买下了这片荒地。他的预测是，美国经济会很快繁荣，城市人口会日益增多，市区将会不断扩大，必然向郊区延伸。在不远的将来，这片土地一定会变成黄金地段。果然不出威尔逊所料。三年之后，城市人口剧增，市区迅速发展，大马路一直修到威尔逊买的土地的边上。这时，人们才发现，这片土地周围风景宜人，是人们夏日避暑的好地方。于是，这片土地价格倍增，许多商人竞相出高价购买，但威尔逊不为眼前的利益所惑，他还有更长远的打算。后来，威尔逊在自己这片土地上盖起了一座汽车旅馆，命名为"假日旅馆"。由于它的地理位置好、舒适方便，开业后，顾客盈门，生意非常兴隆。从此以后，威尔逊的道路越走越宽，产业遍布世界各地，与当初的五十美元资产早已不可同日而语。

在人生的道路上，自信是加速器，让你在成功的路上如虎添翼，它可以引领你更快地实现自己的梦想，给你带来意想不到的成就。有了自信，求下则居中，求中则居上。不热烈、坚定地企盼成功而能取得成功的，天下绝无此事。

有一个拥有赛车手梦想的年轻人，他从很小的时候起，就希望自己能够成为一名出色的赛车手。他在军队服役的时候，曾开过卡车，这对他的驾驶技术起到了很大的帮助作用。退役之后，他选择到一家农场里开车。在工作之余，他仍一直坚持参加一支业余赛车队的技能训练。只要有机会遇到车赛，他都会想尽一切办法参加。因为名次一直徘徊不前，所以在赛车上他只有投入没有收益，欠下了一些债务，生活有些窘迫。

有一年，他入选了威斯康星州的赛车比赛。当赛程进行到一半多的时候，他的赛车位列第三，他有很大的希望在这次比赛中获得好的名次。突然，他前面那两辆赛车发生了相撞事故，他迅速地转动赛车的方向盘，试图避开他们。但终究因为车速太快未能成功。结果，他撞到车道旁的墙壁上，赛车在燃烧中停了下来。当他被救出来时，手已经被烧伤，鼻子也不见了。体表伤面积达百分之四十。医生给他做了七个小时的手术之后，才使他从死神的手中挣脱出来。经历这次事故，尽管他命保住了，可他的手萎缩得像鸡爪一样。而且医生告诉了他一个残酷的事实："以后，也许一辈子，你都不能再开车了。"

但是，他并没有就此失去信心。为了实现那个久远的梦想，他决心再一次为成功付出代价。他接受了一系列植皮手术，为了恢复手指的灵活性，每天他都不停地练习用残余部分去抓木条，有时疼得浑身大汗淋漓，而他仍然坚持着。他始终坚信自己的能力。在做完最后一次手术之后，他回到了农场，换用开推土机的办法使自己的手掌重新磨出老茧，并继续练习赛车。仅仅九个月之后，他就重返赛场了！他首先参加了一场公益性的赛车比赛，但没有获胜，因为他的车在中途意外地熄了火。不过，在随后的一次全程二百英里的汽车比赛中，他取得了第二名的成绩。这个成绩的取得给予了他极大的鼓励。两个月后，仍是在上次发生事故的那个赛场上，他满怀信心地驾车驶入赛场。经过一番激烈的角逐，他最终赢得了二百五十英里比赛的冠军。他在自信心给予的伟大力量下取得了成功。

熟悉这个故事的人早就猜到了：他就是吉米·哈里波斯。一个美国颇具传奇色彩的伟大赛车手。当吉米第一次以冠军的姿态面对热情而疯狂的观众时，他流下了激动的眼泪。一些记者纷纷将他围住，并向他提出一个相同的问题："你在遭受那次沉重的打击之后，是什么力量使你重新振作起来的呢？"此时，吉米手中拿着一张此次比赛的宣传海报，上面是一辆赛车迎着朝阳飞驰。他没有回答，只是微笑着用黑色的水笔在海报的背后写上一句凝重的话："**将失败丢在背后，将自信装进身体，成功就一定在前方等你！**"

当德国上千架飞机向英国伦敦扔下数万颗炸弹时，英国首相丘吉尔正在剑桥大学发表激情洋溢的演讲，宣布“世界将会因英国的反法西斯而改变”，要英国人民永不放弃。

在苏联被困、法国被占、美国坐视不管、英国又面临沦亡的情况下，要是没有自信，英国民众能看到希望吗？这就是自信，而且是一种令人震惊的自信。

4. 不幸很少会纠缠有希望和信心的人

海伦·凯勒这位勇士曾经说过："**信心是命运的主宰。**"**一旦拥有了希望和信心，不幸的事就会绕道而行。**

不幸只会羁绊对自己失去信心者的双脚，却能成为自信者的垫脚石。是被不幸绊倒，还是把不幸踩在脚下继续走向自己的目标，这取决于你对自己的信心。

自信是一种自己能够给予自己的力量。当你总是在问自己：我能成功吗？这时，你还难以摘取成功的花朵。当你满怀信心地对自己说：我一定能够成功。这时，人生的收获季节离你已不太遥远了。

美国职棒大联盟最佳投手摩德凯·勃朗从小就对自己的未来充满希望和信心。虽然家境贫困，但摩德凯·勃朗从小就决心要成为职棒大联盟的投手，从儿童时代就表现出与众不同的才能。和当时所有贫穷的孩子一样，他也在农场工作补贴家用。有一天手被机械夹住，失去了右手食指的大部分，中指也受了重伤。如果是一个消极思维的人，一定会悲观地认为："当投手的希望完全破灭了。要是没有发生那件事就好了。手变成这样，再也不能投球了。梦已飞到窗外去了，完全不可能实现了。"可是这位少年没那样说，也不这样想。他完全接受了这个不幸的事实，尽自己最大的努力，学会用剩余的手指投球。正是受伤的手指，也就是变短的食指和扭曲的中指，使球产生了与众不同的角度和旋转。

有一天，在地方队打球的时候，摩德凯从三垒传球到一垒，球队经理刚好站在一垒的正后方，看到旋转的快速球划着美妙的曲线进入一垒手的手套里，惊叹道："摩德凯，你是天生的好投手。球控制得好，球速也快。那种会旋转的球，任何击球手都会挥棒落空。"摩德凯凭借自己的优势将对手一个个三振出局。不久，摩德凯便成为美国棒球界最佳投手之一。直到今天，他的三振纪录和成功投球的次数在美国职棒大联盟的历史中仍占有重要地位。

那么，少年摩德凯是如何把不幸事件变成对自己事业的有益因素呢？他从小就朴实地相信发挥自己的力量能完成任何事情。就因为他是有积极态度的人，才能发挥难以置信的力量，解决了人生中几乎不可能解决的困难问题。正因为他完全排除了"要是那样的话""做不到"或"不可能"的语言，所以才能成为杰出的棒球选手，名扬后世。

听了这个故事以后，也许你会说："我不是摩德凯·勃朗那样的超人，遇到他那样的不幸，我是没有办法重新站起来的。"请你记住，在摩德凯的手受伤时，他也绝不是个超人。

还有一个故事：美国是全世界公认的移民天堂，但已过而立之年的皮埃尔就是这天堂中的一位不幸者。他事业失败，靠失业救济金生活，整天无所事事地躺在公园的长椅上，无奈地看着树叶飘零、云朵飞走，感叹命运中的不幸。有一天，他儿时的朋友告诉他："我看到一本杂志，里面有一篇文章说拿破仑有一个私生子流落到了美国，并且这个私生子又生了好几个儿子，他们的全部特征都跟你相似——个子矮小，讲一口带法国口音的英语。"此后很长一段时间，皮埃尔总在心里念叨着："我真的是拿破仑的孙子？"渐渐地，他开始相信这件事是真的了。

在这种希望和信心的指引下，皮埃尔的人生发生了改变。以前他因为个子矮小而充满自卑，而现在他因此感到自豪：我爷爷就是靠这种形象指挥千军万马。以前他总觉自己的英语发音不标准，像一个令人讨厌的乡巴佬，现在他却觉得自己带一点法国口音的英语悦耳动听。在下决心开创一番事业的时候，因为是白手起家，他遇到了无数难以想象的困难，但他却充满了信心。他对自己说：在拿破仑的字典里找不到"难"这个字。就这样，他一直用前代伟人的事迹激励自己，充满希望和自信地拼搏，终于克服了种种困难。后来的他成立了自己的公司，而且是跨国的大公司。

拥有自己的公司十年后，皮埃尔得知自己并不是拿破仑的孙子。但皮埃尔并没有因此感到沮丧，他说："我是不是拿破仑的孙子已经不重要了，重要的是我明白了一个成功的道理——**当你相信自己时，不幸就会离你远去。**"

很多时候，有不少人觉得难以成功的事情摆在我们面前，我们常常不是积极地接受并且努力地做好，而是怨天尤人，畏难躲避，总是沉溺于抱怨和牢骚，以一种消极、悲观的心态等待，观望或者被动应付。但是任何人都潜藏着比自己所了解的更巨大的潜力。面对不幸，你如果对自己说"还有下一次""一定能做到"，这时候不幸也会渐渐远离你，成功就会慢慢靠近你。

不要让不幸纠缠你的生活，要微笑着面对不幸的遭遇。充满自信的人，会把苦难看作是一种磨砺，在与不幸抗争的同时，人性的光彩愈加鲜明，目标也愈加清晰。如果你在生活中遇到不幸，那就试着摆脱它，因为这样才能迎接美好的明天。

不幸只会羁绊对自己失去信心者的双脚，却能成为自信者的垫脚石。是被不幸绊倒，还是把不幸踩在脚下继续走向自己的目标，这取决于你对自己的信心。

5. 信心是一种态度，常使“不可能”消失于无形

人们常说：**只要你有一分的自信，就会收获一分的成功；只要你有十分的自信，就会收获十分的成功。**

生活中，有许多失败者之所以失败，究其原因，不是因为无能，就是因为不自信。有人说，自信是成功的一半，这话很对。**自信，使不可能成为可能，使可能成为现实。不自信，使可能变成不可能，使不可能变成毫无希望。**

查尔斯做了五年的农具生意。当时，他过着平凡而又体面的生活，但并不理想。他一家的房子太小，也没有钱买他们想要的东西。查尔斯的妻子并没有抱怨，很显然，她只是安于天命但并不幸福。而现在，查尔斯有了一所占地两英亩的漂亮新家。他和妻子再也不用担心能否送他们的孩子上一所好的大学了，他的妻子在花钱买衣服的时候也不再有那种犯罪的感觉了。

下一年夏天，他们全家都将去欧洲度假。查尔斯说：“这一切的发生，是因为我利用了信心的力量。五年以前，我听说在底特律有一份经营农具的工作。那时，我们还住在克利夫兰。我决定试试，希望能多赚一点儿钱。我到达的时间是星期天，但公司与我面谈还得等到星期一。晚饭后，我坐在旅馆里静思默想，我

问自己‘失败为什么总属于我呢？’……”查尔斯取了一张旅馆的信笺，写下几个他非常熟悉的、在近几年内成就远远超过他的朋友的名字。他们取得了更多的权力和更重要的工作职责。这其中的人曾经的境遇有些还远不如自己，查尔斯想：第一，他们并不比自己更聪明；第二，他们的教育，他们的正直，个人习性等，也并不具有任何优势。终于，查尔斯想到了另一个成功的因素——自信。查尔斯为自己的发现感到很兴奋，因为他找到了与那些超过自己的人之间的差距，就是自信心不如他们足。

查尔斯开始仔细地回忆过去。从查尔斯记事起，便缺乏自信心，他发现过去的自己总是在自寻烦恼，自己总对自己说不行，不行，不行！他总在强调自己的短处，几乎他所做的一切都表现出了这种自我贬低。如果自己都不信任自己的话，那么将没有人信任你！第二天上午，他暗暗以这次与公司的面谈作为对自己自信心的第一次考验。在这次面谈以前，查尔斯希望自己有勇气提出比原来工资高七百五十甚至一千美元的要求。但经过这次深刻的自我认知之后，查尔斯将自己的工资目标定位为三千五百美元，较前一目标高出两千美元。最后他获得了成功。他的信心使原本以为的“不可能”变为“可能”。

信心对一个人的发展来说，具有无法预估的力量。不论是在智力、体力或是处理事情的能力上，自信心都有着非比寻常的重要性。许多事业成功的人，总是能勇于向自己提出更高的要求，所以才能在失败的时候看见希望。

来看一个心理学的案例：一个长相很丑的女孩，对自己非常缺乏信心，她从来不打扮，整天邋邋遢遢的，做事也不求上进。心理学家为了改变她的状态，要求大家每天对丑女孩说“你真漂亮”“你真能干”“今天表现不错”等赞美的话，经过一段时间之后，大家惊奇地发现，女孩真的变漂亮了。其实，她的长相并没有任何改变，但其心理状态发生了变化。她变得敢于打扮自己、表现自己，开始积极地面对生活了。

为什么会有这么大的变化呢？心理学家解释说，那是因为她对自己产生了自信心，因为对自己有了自信，所以大家都觉得她比以前漂亮多了，她还愉快地对大家说，她获得了新生。

所谓相由心生，这位女孩其实只是展现出每个人都蕴藏的自信美而已。这种美只有在我们相信自己，而周围的人也都肯定我们的时候，才会被充分地展现出来。

自信心就像催化剂一样，它可以把人的一切潜能激发出来，将所有的功能调整到最佳状态。在许多成功者身上，都可以很清楚地看到他们因自信而散发出的成功光芒。一个人如果缺乏自信心，就会缺乏探索事物的主动性和积极性，他的能力自然就会受到约束和局限。

生活并不容易，除了要有坚忍不拔的精神外，最重要的是满怀信心。相信自己的天赋和才能，无论付出多少时间精力，也要把事情完成，只要对自己充满信心，你才能不断地激发自己内在的潜能。自信的人依靠自己的力量去实现目标，自卑的人则只能凭借侥幸。

没有自信，便没有成功。因为对于没有自信的人来说，他的世界里只有"不可能"。而那些获得了巨大成功的人，他们的自信心将个人世界中的"不可能"全部驱逐出境，将"可能"填充进来，这就是自信心的力量。

只要你有一分的自信，就会收获一分的成功；只要你有十分的自信，就会收获十分的成功。没有自信，便没有成功。因为对于没有自信的人来说，他的世界里只有“不可能”。而那些获得了巨大成功的人，他们的自信心将个人世界中的“不可能”全部驱逐出境，将“可能”填充进来，这就是自信心的力量。

6. 信心不能给你所需，却能告诉你如何得到

信心对一个人至关重要，因为只有它知道如何让你获得想要的东西。当一个人为自己确立了发展的目标后，就要立即建立信心，采取行动，为实现自己的理想去努力。

信心不是工具，也不是方法，但是有了信心你就能使自己找到实现理想的方法。如果我们对自己没有信心，就会拖拉懒散，不知所措。成功者绝不会坐等成功来敲门，只有失败者才心存侥幸，希望好运突然降临。但我们知道，这样的好运也只存在于幻想中。

一个人的信心影响他的行为，**信心能使你通过潜心工作得到自我满足和快乐，这是其他方法不可取代的。**这么说来，如果你想寻找快乐，如果你想发挥潜能，如果你想获得成功，就必须充满信心，积极行动。

有信心的人一旦遇到问题就马上解决。他们不花费时间去发愁，因为发愁不能解决任何问题，只会不断地增加忧虑，浪费时间。自信者会立刻兴致勃勃、干劲十足地寻找解决问题的办法。不要期待时来运转，也不要因为等不到机会而恼火或觉得委屈，要有信心，要从小事做起，要用行动争取胜利。只要你对自己的

目标有信心，并改变自己的思考方式，利用逆向思维，就会发现：**将自己逼入绝境的困难和挫折，正是开掘无限潜能的绝佳机会。从问题中发现并把握住机遇，就能变不利局面为有利局面。**

肯德基为全世界的人们所熟知，它的创始人就是哈兰·山德士。他六岁时父亲就去世了。哈兰为了照顾年幼的弟弟，补贴家用，开始到田间工作。随着年龄的增长，哈兰步入社会。但哈兰是个性子暴烈、不实现自己的愿望绝不罢休的人。这种固执的性格，使得他总与别人争吵，他为此不得不多次换工作。他讨厌被别人呼来唤去，便自己创业。开始时，他经营一家汽车加油站，但不久受经济危机的影响，加油站倒闭了。第二年，他又重新开了一家带有餐馆的汽车加油站，因为服务周到且饭菜可口，生意十分兴隆，但是，一场无情的大火把他的餐馆烧了个精光。但他最终还是振奋精神，建立了一个比以前规模更大的餐馆。餐馆生意再次兴隆起来，可是，厄运又找上了门。因为附近另外一条新的交通要道建成通车，哈兰加油站前的那条路变成背街的道路，顾客因此锐减，哈兰不得不放弃了餐馆。这时哈兰已六十五岁了。然而，哈兰并未死心。他想到手边还保留着一份极为珍贵的专利——制作炸鸡的秘方。现在，他决定卖掉。为了卖掉这份秘方，他开始走访美国国内的快餐馆。他教给各家餐馆制作炸鸡的秘诀——调味酱，每售出一份炸鸡他获得五美分的回扣。五年之后，出售这种炸鸡的餐馆遍及美国及加拿大，共计四百家。到二十一世纪初，四千多家肯德基连锁店已遍布美国各处。

哈兰的成功告诉我们：**获得成功，并不像常人想象的那么难。更多的时候是因为你有追求理想的信心，并不断尝试，往往有一天只需要一个灵感，成功就实**

现了。

不要让错误的意识占据大脑。要正确对待工作中的困难和挫折，从积极的一面赋予"问题"以新的涵义。在很多情况下，一些问题虽然高举"此路不通"的警示牌，但仔细研究就会发现，在它周围还有比以前更好、更有利于提高工作效率的办法，这就是"机遇"。

希腊神话告诉人们，智慧女神雅典娜是在某一天突然从宙斯的头脑中一跃而出的，跃出之时雅典娜衣冠整齐，没有凌乱感。和这一样，某个高尚的理想、有益的思想、宏伟的幻想，也是在某一瞬间从一个人的头脑中跃出的，这些想法刚出现的时候也是很完整的。但没有信心的人迟迟不去执行，不去使之实现，而是留待将来再去做。而那些有能力有信心的人，往往趁着热情最高的时候就去把理想付诸实施。

我们每个人在自己的一生中，有着种种的憧憬、理想和计划，如果我们能够将这一切的憧憬、理想与计划，迅速地加以实践，那么我们在事业上的成就不知道会有多么的伟大！然而，人们往往有了好的目标后，却没有必胜的信心，瞻前顾后，不去想办法执行，而是一味地拖拉，以致让一开始充满热情的事情冷淡下去，使幻想渐渐消失，使计划最终破灭。

信心不能给你实现目标的具体东西，但是一直对目标充满信心的人，总会找到通往成功的那条路！

在很多情况下，一些问题虽然高举“此路不通”的警示牌，但仔细研究就会发现，在它周围还有比以前更好、更有利于提高工作效率的办法，这就是“机遇”。

| Chapter | 5 |

失败是获取经验的重要方式

[第五章]

5 思考

Chapter 5

失败是成功之母，为何这样说？因为失败是我们获取经验的重要方式。从居里夫妇从数以吨计的铀矿渣中仅仅提炼出不足一克的镭和爱迪生在做了两万多次试验才找到适合做白炽灯的材料的史实中，我们知道『失败是成功之母』不是一句口号，而是强者的座右铭。

>> POINT

1. 了解自己为何失败，让失败成为资产

从失败中学习，就是为成功指路，这时的失败就会变成你重要的悟性资产；而不能从失败中学到教训是悲哀的！即使是一些小小的错误，你都应从中学到些什么。

一位老人是这样面对失败的。这位老人在高速行驶的火车上，不小心把刚买的新鞋从窗户掉了一只出去，周围的人倍感惋惜，都认为他做了一件失败的事情。不料老人立即把第二只鞋也从窗户扔了下去。这举动更让人大吃一惊。老人解释说："这一只鞋无论多么昂贵，对我而言已经没有用了，如果有谁能捡到一双鞋子，说不定他还能穿呢！"老人的做法使自己的失败之举也有了价值。

一个小女孩是这样被引导如何面对失败的。当这个小女孩趴在窗台上，看窗外的人正埋葬她心爱的小狗时，不禁泪流满面，悲恸不已。她的外祖父见状，连忙引她到另一个窗台，让她欣赏他的玫瑰花园。小女孩的心情果然顿时明朗。老人托起外孙女的下巴说："孩子，你开错了窗户。"小女孩从此知道了如何面对失败，那就是失败时另辟蹊径，找到那扇充满希望的窗子。

一个探险家被告知要这样面对失败。这个探险家原本要出发去北极，最后却

到了南极。当别人问他为什么时，他说："我带的是指南针，找不到北极。"对方说："怎么可能呢？南极的对面不就是北极吗？转个身、回个头就可以了。"

成功和失败本是同一处水源，它是会令你溺水的深潭，也是能为你解渴的甘泉。谁能一开始便明察秋毫，寻觅到那通往柳暗花明的小径？必须得经历失败，把所有不可能的假象、貌似合理的幻想一一排除，剩下的才会是唯一的正确路径。

生活中当我们被一次次撞得晕头转向、头破血流的时候，**失败是最好的指南针，以它恒久不变的指针说着错误的方向**，并提示我们：转过身去，对面便是成功。这时的失败帮助我们找到了正确的方向，因此它也变成了最宝贵的资产。

一位老员工这样抱怨自己的事业不顺利："我在这儿已做了三十年，我比你提拔的许多人多了二十年的经验。""不对，"老板说，"你没有从自己的错误中吸取任何教训，你仍在犯你第一年刚做时的错误。因此你还是只有一年经验。"

爱迪生的一位助手曾经这样对他说："我们浪费了太多的时间，试了两万次了，仍然没找到可以做白炽灯丝的物质！""不！"爱迪生回答说，"我们的工作已经有了重大的进展。因为我们知道两万多种不能做白炽灯丝的材料。"

上面那位助手不懂得在失败中吸取教训的道理，因此他所经历的失败就只是失败；而爱迪生知道在失败中总结，在失败中对比，终于找到了钨丝，发明了电灯，改变了历史。对于爱迪生来说，那两万多次失败就已经成为了自己的资本。

英国的索冉指出：**"失败不该成为颓丧、失志的原因，应该成为新鲜的刺激。"**唯一避免犯错的方法是什么事都不做，有些错误确实会造成严重的影响，所谓"一失足成千古恨，再回头已是百年身"。然而，"失败为成功之母"，没有失败，没有挫折，就无法成就伟大的事。

成功学家拿破仑·希尔曾经说过，在失败面前至少有三种人：

一种人，遭受了失败的打击，从此一蹶不振，成为让失败一次性打垮的懦夫，此为无勇亦无智者。

一种人，遭受失败的打击，并不知反省自己、总结经验，只凭一腔热血，勇往直前。这种人，往往事倍功半，即便成功，亦如昙花一现。此为有勇而无智者。

还有一种人，遭受失败的打击，能够极快地审时度势，调整自身，在时机与实力兼备的情况下再度出击，卷土重来。这一种人堪称智勇双全，成功常常莅临他们头上。

只有第三种人才将自己遭遇的失败变成了资本。因此当我们遇到失败时，一定要冷静地思考和分析，找准失败的原因，指导自己转向正确的航向！

一位老员工这样抱怨自己的事业不顺利："我在这儿已做了三十年，我比你提拔的许多人多了二十年的经验。""不对，"老板说，"你没有从自己的错误中吸取到任何教训，你仍在犯你第一年刚做时的错误。因此你还是只有一年经验。"

2. 逆境中能找出顺境中所没有的机会

逆境，也就是不顺利的环境；顺境，也就是事事如意的环境。人的一生，谁都希望无论是在事业上、生活上都能够常逢顺境、远离困境。但往往每个人都不能如愿，逆境就像影子一样，老是在自己的身边徘徊。面对逆境，有的人扼腕叹息，有的人则紧抓机遇，因为他们知道：困境里往往蕴含着顺境中不可能有的机遇。

正如法国的戴高乐所说：“**困难，特别吸引坚强的人。因为只有在拥抱困难时，才会真正认识自己。**”

远在西班牙的港口城市巴塞罗那，有一个举世闻名的造船厂。这个造船厂与巴塞罗那一样有着悠久的历史，它的历史已有一千多年了。这个造船厂从建厂的那一天开始就立了一个规矩：所有从造船厂出去的船舶都要造一个小模型留在厂里，并把这只船出厂后的命运，命专人刻在模型上。厂里有房间专门用来陈列船舶模型。因为历史悠久，所造船舶的数量不断增加，所以陈列室也逐步扩大，从最初的一间小房子变成了现在造船厂里最宏伟的建筑，里面陈列着近十万只船舶模型。所有走进这个陈列馆的人都会被那些船舶模型所震撼，不是因为船舶模型造型的精致和千姿百态，不是因为感叹造船厂悠久的历史和对西班牙航海业的卓越贡献，那是因为什么呢？是因为船舶模型上深深刻下的文字。

“西班牙公主”是这些船舶模型中的一个，它身上雕刻的文字记录了它的出生、成长和经历，具体如下：“本船共计航海五十年，十一次遭遇冰川，有六次遭海盗抢掠，有九次与另外的船舶相撞，有二十一次因发生故障而抛锚搁浅。”每一个模型上都是这样的文字，详细记录着该船舶经历的风风雨雨。

在陈列馆最里面的一面墙上，是对上千年来造船厂所有出厂船舶的概述：造船厂出厂的近十万只船舶当中，有六千只在大海中沉没，有九千只因为受伤严重不能再进行修复航行，有六万只船舶都遭遇过二十次以上的大灾难，没有一只船从下海的那一天开始没有过受伤的经历……现在，这个造船厂的船舶陈列馆，早已经突破了原来的意义。它现在不仅是西班牙闻名于世的旅游热点，更是所有西班牙人获得精神力量的源泉。

这正是西班牙人吸取的智慧：所有的船舶，不论用途是什么，只要到大海里航行，就会受伤，就会遭遇灾难。如果因为遭遇了磨难就怨天尤人，如果因为遭遇了挫折就自暴自弃，如果因为面临逆境就放弃了追求，如果因为受了伤害就一蹶不振，那你就大错特错了。人生也是这样的，只要你有追求，只要你去做事，就不会一帆风顺。**我们的人生，就像大海里的船舶，只要不停止航行，就会遭遇风险，没有永远风平浪静的海洋，没有不受伤的船。**

生活中，有多少人在浑浑噩噩过日子呢？有多少人在安逸的生活中懈怠呢？有多少人认为自己没有什么本事就安于现状，不思进取呢？**有些时候，我们需要一种逆境，来激发我们自身的潜能，唤醒我们内心深处被掩藏已久的激情，实现**

人生的最大价值。人的平庸，多数不是因为自身能力不够，而是因为安于现状、不思进取，没有激发自己的潜能，在平淡、机械的生活中埋没了自己。面对自己，积极去想去做，一个人的困难可能就是自己的机会。

世界著名田径骄子海尔·格布雷西拉西耶的童年是在一个小山村里度过的。这是一个位于埃塞俄比亚阿鲁西高原上的小山村，格布雷西拉西耶小的时候就生活在这里。那时的他每天腋下夹着课本，赤脚跑步十公里上学和回家。贫穷的家境使他不可能坐车去上学。为了上课不迟到，他每天都一路奔跑。如今，这位曾经夹着课本跑步上学的小男孩在世界长跑比赛中，先后十五次打破世界纪录，成为当今世界上最优秀的长跑运动员之一。如果他出身于富裕家庭，每天坐车上学，就绝不可能成为当今的世界田径骄子。后来，他总是说："我要感谢贫困，因为贫困，我别无选择，只好跑步上学。"正是跑步上学，使他成为一名优秀的长跑运动员。小时候面临的生活困境使他不得不坚持跑步上学，这也给了他找到一条成功之路的机遇，并为这个机遇奠定了基石。

可见，不轻易屈服于困境，使之成为打磨自己的试金石，机遇便会从中诞生。**很多人与成功失之交臂，并非他们缺少才智，而是他们缺乏变困难为机遇的勇气、眼界。**

当我们身处困境时，一定要保持高昂的斗志，不能焦躁不安、惊慌失措，要保持镇定，通过逆向思维挖掘其中的机遇，在奋斗中迎接下一个顺境的到来。

格布雷西拉西耶小的时候每天腋下夹着课本，赤脚跑步十公里上学和回家。贫穷的家境使他不可能坐车去上学。如今，这位曾经夹着课本跑步上学的小男孩在世界长跑比赛中，先后十五次打破世界纪录，成为当今世界上最优秀的长跑运动员之一。

他总是说：“我要感谢贫困，因为贫困，我别无选择，只好跑步上学。”正是跑步上学，使他成为一名优秀的长跑运动员。

3. 失败是一种让人承担更大责任的准备

失败是每个人都不想要的结果，但是换个角度来看，失败又是一种让人承担更大责任的准备。从这个意义上说，失败就是自己成功的重要机遇和积累。

艾丽斯是一个普通的女孩，她高中毕业后没有考上大学，在自己生活的镇子上做了一名小学教师。结果，不到一星期就回了家。母亲安慰她："满肚子的东西，有的人倒得出来，有的人倒不出来，你不会教书不要紧，也许有更合适的事情等着你去做。"

后来，艾丽斯先后当过纺织工，做过市场管理员，做过会计，但是无一例外都半途而废了。然而，每次艾丽斯失败回来，母亲总是安慰她，从来没有抱怨的话。

三十岁的时候，艾丽斯做了聋哑学校的一位辅导员，后来又自己开办了一家特殊教育学校，并且在许多城市开办了残疾人用品连锁店，有了自己的一片天地。有一天，功成名就的艾丽斯问母亲："那些年我连连失败，自己都觉得前途非常渺茫，可你为什么总对我那么有信心呢？"母亲的回答朴素而简单："一块地，不适合种麦子，可以试试种豆子；豆子也种不好的话，可以种瓜果；瓜果也种不好的话，也许能种荞麦。总会有一粒种子适合它，也总会有属于它的一片收成。”艾丽斯感动得热泪盈眶。

母亲的回答不仅表现出了身为母亲对孩子的信任和鼓励，还道出了失败是一种尝试，是一种将要给予失败者应对更大挑战、承担更大责任的准备的道理。

事实确实如此，**每个人都有自己的生命轨迹、使命和定位。只是每个人的生命都是在寻找自己准确定位的过程，这一过程中难免碰壁，难免遇到挫折和失败。但这一切都是为了找准自己的使命所做的准备。**

有一个美丽的花园，椰子、樱桃、苹果、玫瑰等幸福地生活在这里。花园里的所有成员都是那么快乐，唯独一棵小橡树愁容满面。可怜的小家伙被一个问题困扰着，那就是，它不知道自己是谁。

苹果树认为它不够专心：“如果你真的努力了，一定会结出美味的苹果，你看多容易！”玫瑰花说：“别听它的，开出玫瑰花来才更容易，你看多漂亮！”失望的小树按照它们的建议拼命努力，但它越想和别人一样，就越觉得自己失败。

一天，鸟中的智者雕来到了花园，听说了小树的困惑后，它说：“你别担心，你的问题并不严重，地球上的许多生灵都面临着同样的问题。我来告诉你怎么办。你不要把生命浪费在变成别人希望你成为的样子，你就是你自己，你要试着了解你自己，要想做到这一点，就要倾听自己内心的声音。”说完，雕就飞走了。

小树自言自语道：“做我自己？了解我自己？倾听自己内心的声音？”突然，小树茅塞顿开，它闭上眼睛，敞开心扉，终于听到了自己内心的声音：“你永远都结不出苹果，因为你不是苹果树；你也不会每年都开花，因为你不是玫瑰。你是一棵橡树，你的命运就是要长得高大挺拔，给鸟儿们栖息，给游人们遮阴，创造美丽的环境。你有你自己要承担的重要责任！”小树顿觉浑身上下充满了力量和自信，它开始为实现自己的目标而努力。很快，它就长成了一棵大橡树，填满了属于自己的空间，赢得了大家的尊重。此时，小树得到了真正的快乐。

虽然，这棵小树在没想清楚之前，曾幻想和要求自己结出苹果、开出玫瑰花，走了很多弯路，经历了很多失败，但是最终表明：这些失败的经历使小树明白了自己要承担的重要责任是什么，那些失败也就成了小树能否承担重要责任的积累和准备。

生命是一个过程，而失败不过是过程中的一个小小的片段。就像是人在旅途中，车辆或者轮船只不过是到达风景区的一种手段，总不能因为某一辆车的抛锚而停下自己前行的脚步吧？一旦在这时停下自己的脚步，就意味着自己放弃了承担更重要责任的机会和权利。相信你一定不会是那个选择自愿放弃的人。

“一块地，不适合种麦子，可以试试种豆子；豆子也种不好的话，可以种瓜果；瓜果也种不好的话，也许能种荞麦。总会有一粒种子适合它，也总会有属于它的一片收成。”

4. 如果你尽力而为，失败并不可耻

什么是成功？什么是失败？这是很多人都困扰的问题。我们经常能够看到现实生活中或者是影视剧中的一些情景：某个人或团队，在对公司来说至关重要的一次竞标中，做了大量的准备工作，之后得出一份十分完美的竞标数据和设计创意；而另一个人或团队，在进行了一番努力后还是没有得到很好的结果，但是他们采用非正常的手段得到了对手的商业机密，并在最后的竞标中胜出。那么，谁会认为后者是成功者，而前者是失败者呢？对于前一团队来说，即使他们始终不知道自己是因为泄密导致的竞标失败，也不应该以失败者自居，因为他们尽力了。尽力而为，即使失败也不可耻。

成功意味着什么？成功学家卡尔博士认为：“成功意味着许多美好、积极的事物。成功意味着个人的兴隆——享有好的住宅、假期、旅行、新奇的事物、经济保障，以及使你的小孩能享有最优厚的条件。成功意味着能获得赞美，拥有领导权，并且在职场与社交圈中赢得别人的尊宠。成功意味着自由——免于各种烦恼、恐惧、挫折与失败的自由。成功意味着自重，能追求生命中更大的快乐和满足，也能为那些依赖你维生的人做更多的事情。”

的确，成功意味着很多很多东西，并且根据每个人不同的理解，上面的表述还可以无限地延长下去。但是究其本质，成功是什么呢？

成功其实包含两方面的含义：一是社会承认了个人的价值，并给予个人相应的酬谢，如金钱、地位、房屋、尊重等；二是自己承认自己的价值，从而充满自信、充实感和幸福感。

但是人们往往忽略了成功的后一种含义，认为只有在社会承认我们、他人尊敬我们时，我们的人生才算成功，只有在鲜花和掌声环绕着我们时，才算是到了成功的时刻。而仅仅自己认为自己成功不仅没有意义，还有狂妄自大的嫌疑。

实际上，**一个人只有在对自己有较高评价并认为自己一定会成功时，他才可能真正成功。**这中间的道理也很简单，那就是人不可能给别人自己没有的东西。如果一个人觉得自己的生命没有价值，那么又怎么可能给社会创造价值并最终得到社会的承认呢？

贝尔纳是法国的一位著名作家。他一生中创作了大量的小说和剧本，在法国影视史上占有特别的地位。有一次，法国一家报纸进行了一次有奖智力竞赛，其中有这样一道题目："如果法国最大的博物馆卢浮宫失火了，情况只允许抢救出一幅画，你会抢哪一幅？"结果在该报收到的成千上万个回答中，贝尔纳以最佳答案获得该题的奖金。他的回答是："我抢离出口最近的那幅画。"多么精辟而智慧的回答！

贝尔纳之所以获得那道题的金奖，是因为他注重的是尽力而为，而不是所谓"英雄主义"的蛮干。试想，倘若卢浮宫真的着了火，大家都朝着《蒙娜丽莎》那样的名画而去，那么也许最后被抢救出来的画就只有贝尔纳的"接近出口"

的，但并不是最名贵的那幅画了。这说明：**尽力而为就是成功，并不一定非要取得举世瞩目的成就。**从另一个角度说，尽力而为的失败也并不可耻。

成功不是衡量人生价值的最高标准，比成功更重要的是，一个人要拥有充实的内在，有自己的真性情和真兴趣，有自己真正喜欢做的事。只要你有自己真正喜欢做的事，你就能在任何情况下都感到充实和踏实。那些仅仅追求外在成功的人，实际上是没有自己真正喜欢做的事的，他们真正喜欢的只有名利，一旦在名利场上受挫，内在的空虚就暴露无遗。照我的理解，**把自己真正喜欢做的事做好，尽量做得完美，让自己满意，这才是成功的真谛，如此感到的喜悦才是不掺杂功利考虑的、纯粹的成功之喜悦。**

成功意味着什么？成功学家卡尔博士认为："成功意味着许多美好积极的事物。成功意味着个人的兴隆——享有好的住宅、假期、旅行、新奇的事物、经济保障，以及使你的小孩能享有最优厚的条件。成功意味着能获得赞美，拥有领导权，并且在职业与社交圈中赢得别人的尊宠。"

照我的理解，把自己真正喜欢做的事做好，尽量做得完美，让自己满意，这才是成功的真谛，如此感到的喜悦才是不搀杂功利考虑的、纯粹的成功之喜悦。

5. 若能将人推出自满的椅子，失败则是一种福气

自满，常常会使人停滞不前，不思进取；自满，是每个人事业上的“绊脚石”；自满，更是一个人原地踏步、即将落伍的信号！

鲷鱼和蝾螺都生活在大海深处，有一天，它们在海中不期而遇。蝾螺有着坚硬无比的外壳，鲷鱼在一旁赞叹：“蝾螺啊！你真是了不起呀！一身坚硬的外壳，一定没人伤得了你。”蝾螺也觉得鲷鱼所言甚是，正洋洋得意的时候，突然发现敌人来了。鲷鱼说：“你有坚硬的外壳，我没有，我只能用眼睛看个清楚，确认危险从哪个方向来，然后决定要怎么逃走。”说着，鲷鱼便“咻”的一声游走了。此刻呢，蝾螺心里在想：“我有这么一身坚固的防卫系统，没人伤得了我啦！我还怕什么呢？”便静静地等着。蝾螺等呀等的，等了好长一段时间，也睡了好一阵子了，心里想：“危险应该已经过去了吧。”于是，它就想探出头透透气。它刚冒出头来一看，立刻扯破喉咙大叫起来：“救命呀！救命呀！”此时，它正在水族箱里，外面是大街，而水族箱上贴着的是：“蝾螺十元一斤。”蝾螺的自我感觉良好，这种自满的心态将它送进了水族箱。自满的危害可见一斑。

身在职场，最忌讳的就是骄傲自满，加里的经历就说明了这一点。

加里在大学毕业后进入一家研究所工作。他的博士头衔成了这家研究所最高的学历，于是他经常在工作中表现出自满的情绪。有一天他到公司后面的小池塘去钓鱼，正好正副所长在他的一左一右，也在钓鱼。“听说他俩也就是专科生学历，有什么好聊的呢？”这么想着，他只是朝两人微微点了点头。不一会儿，正所长放下钓竿，伸伸懒腰，蹭蹭蹭从水面上如飞似的跑到对面上厕所去了。加里博士眼睛睁得都快掉下来了：“不会吧？在水上走路！”正所长上完厕所回来的时候，同样也是蹭蹭蹭地从水上飘回来了。“怎么回事？”加里刚才没去打招呼，现在又不好意思去问——自己是博士呀！

过了一会儿，副所长也站起来，走了几步，也迈步蹭蹭蹭地漂过水面上厕所了。这下子加里博士更是差点儿昏倒，摸不着头脑。

又过了一会儿，加里博士也想去上厕所。这个池塘两边有围墙，要到对面厕所非得绕十分钟的路，而回公司上又太远，怎么办？加里博士也不愿意去问两位所长，憋了半天后，于是也起身往水里跨，心想：“我就不信这专科生学历的人能过的水面，我博士不能过！”只听“扑咚”一声，加里栽到了水里。两位所长赶紧将他拉了出来，问他为什么要下水，他反问道：“为什么你们可以走过去，而我就掉水里了呢？”两位所长相视一笑，其中一位说：“这池塘里有两排木桩子，由于这两天下雨涨水，桩子正好在水面下。我们都知道这木桩的位置，所以可以踩着桩子过去。既然你不知道这个情况，为什么不请教一下身边的人呢？”

任何人都不喜欢骄傲自大的人，这种人在与他人合作中也不会被大家认可。你可能会觉得自己在某个方面比其他人强，但你更应该将自己的注意力放在他人的强项上，只有这样，你才能看到自己的肤浅和无知。加里的自满，使自己在初入职场时就给大家留下了不好的印象，对以后的工作开展很不利。

既然自满有这么多的危害，那么怎样才能戒除自满呢？唯有失败，**只有失败才能使自满的人醒醐灌顶，才能被推出自满的椅子。自满的人遭遇到了失败，如果能因此认识到自满给自己带来的危害，从而勉励自己做更多的事情，这也未尝不是一件好事。**

鲷鱼和蝾螺都生活在大海深处，有一天它们在海中不期而遇。蝾螺有着坚硬无比的外壳，鲷鱼在一旁赞叹：“蝾螺啊！你真是了不起呀！一身坚硬的外壳，一定没人伤得了你。”蝾螺也觉得鲷鱼所言甚是，正洋洋得意的时候，突然发现敌人来了。鲷鱼说：“你有坚硬的外壳，我没有，我只能用眼睛看个清楚，确认危险从哪个方向来，然后决定要怎么逃走。”说着，鲷鱼便“咻”的一声游走了。此刻呢，蝾螺心里在想，我有这么一身坚固的防卫系统，没人伤得了我啦！我还怕什么呢？便静静地等着。蝾螺等呀等的，等了好长一段时间，也睡了好一阵子了，心里想：危险应该已经过去了吧。于是，它就想探出头透透气。它刚冒出头来一看，立刻扯破喉咙大叫起来：“救命呀！救命呀！”此时它正在水族箱里，外面是大街，而水族箱上贴着的是：“蝾螺十元一斤。”蝾螺的自我感觉良好，这种自满的心态将自己送进了水族箱。自满的危害可见一斑。

6. 了解失败和挫折的极大差别，才能成功

每个人的人生都像是一片未开垦的田野，一条未明朗的道路，其间必然充满荆棘，暗藏陷阱。有些人遇到荆棘、碰到陷阱就觉得自己已经失败了，甚至连剩下的人生都给放弃了，这种人的错误在于根本不了解失败与挫折之间的关系，更不善用挫折取得成功。

一个人在工作、生活中总会遇到各种大大小小的挫折，比如，你的想法得不到上司的支持，公司里有人阻挠你的工作，当你试图主动提案时，总是遭到失败等。这些都是每个在职场上奋斗的人几乎都经历过的挫折，是很难避免的。消除这些挫折是不可能的，如何面对挫折，在挫折面前昂起头来，才是你应该好好思考的问题。

但很多人心理素质薄弱、意志力较差，经不起一点点的挫折。在工作时，遇到挫折，就对自己失去了信心，认为自己不行，一天到晚愁眉不展，怨天尤人，根本无法振作精神，即使有好机会使问题出现转机，也被这拉长的苦脸吓跑了。如果你一直这样消沉下去，到最后就会对自己越来越没信心，越来越失望。最后自己也认为自己一无是处了，甚至自暴自弃。

爱因斯坦出生在德国的乌尔姆，这是一个小城。爱因斯坦的一生似乎都与挫折相伴：三岁才咿呀学语。比他小两岁的妹妹已经能流利交谈了，他却还是支支吾吾，前言不搭后语……十岁时，他才去上学。可是，在学校里，他受到了老师和同学的嘲笑，大家都称他为“笨家伙”。学校要求学生上下课都按军事口令进行，爱因斯坦由于反应迟钝，经常被老师呵斥、罚站。

一次工艺课上，老师从学生的作品中挑出一张做得很不像样的木凳对大家说：“我想，世界上也许不会有比这更糟糕的凳子了！”在哄堂大笑中，爱因斯坦红着脸站起来说：“我想，这种凳子是有的！”说着，他从课桌里拿出两个更不像样的凳子，说：“这是我前两次做的，交给您的是第三次做的，虽然还不行，却比这两个强得多！”一口气讲了这么多话，爱因斯坦自己也感到吃惊。老师更是感到吃惊，因为他从未见过这样的孩子。

在这样的磕磕绊绊中，爱因斯坦还是慢慢地长大了，并进入慕尼黑的一所中学学习。在中学里，他喜爱上了数学课，却对其余那些脱离实际和生活的课不感兴趣。孤独的他开始在书籍中寻找寄托，寻找精神力量。就这样，爱因斯坦在书中结识了阿基米德、牛顿、笛卡尔、歌德、莫扎特……书籍和知识为他开拓了一个更广阔的空间。视野开阔了，爱因斯坦头脑里思考的问题也就多了。

一天，他对经常辅导他数学的舅舅说：“如果我用光在真空中的速度和光一起向前跑，能不能看到空间里振动着的电磁波呢？”舅舅用异样的目光盯着他看了许久，目光中既有赞许，又有担忧。因为他知道，爱因斯坦提出的这个问题非同一般，将会引起出人意料的举动。此后，爱因斯坦一直被这个问题苦苦折磨着。

一八九五年秋天，爱因斯坦经过深思熟虑，决定报考瑞士苏黎世大学。可是，他却失败了——他的外文不及格。落榜后的他没有气馁，参加了补习。一年以后，他终于考入了苏黎世联邦理工学院。这时的他，已经在为自己的未来做准备了。他把精力全部用在课外阅读和实验室里。教授们见他总是把精力投入到课程以外的东西，觉得他是“不务正业”的学生。

爱因斯坦大学毕业时，因为经济危机、自己的犹太血统和没关系、没钱等原因，失业在家。为了生活，他只好到处张贴广告，靠讲授物理获得每小时三法郎的报酬以维持生活。这段失业的时间，给了爱因斯坦很大的帮助。在授课过程中，他对传统物理学进行了反思，促成了他对传统学术观点的猛烈冲击。经过高度紧张、兴奋的五个星期的奋斗，爱因斯坦写出了九千字的论文《论动体的电动力学》，狭义相对论由此产生。这一促进物理学向前迈进的里程碑事件，使今天地球上的人类还深深地敬仰这位伟大的科学家。

即使这样，还是有许多人反对爱因斯坦，甚至还发表文章批评他。但是，爱因斯坦毕竟还是得到了社会和学术界的重视。在短短的时间里，竟然有十五所大学给他授予了博士证书，法国、德国、美国、波兰等许多国家的著名大学也想聘请他做教授。当年那个不被老师、同学看好的“笨东西”，终于成了全世界公认的当代最杰出的科学家之一。

谁会想到爱因斯坦的成长会经历如此多的挫折：小时候说话不清楚，上学后学习不灵光，中学毕业大学落榜，大学毕业即失业……但是今天谁也不能说爱因斯坦是失败者。因为挫折是挫折，失败是失败，两者之间有着极大的差别，不能混同。挫折常有，失败也常有；在挫折面前倒下去的人常有，失败者也因此常有；在挫折面前披荆斩棘的人常有，远离失败者也因此常有。你是那个披荆斩棘的成功者吗？如果不是，要坚强起来，因为**战胜无数的挫折就会远离失败；在一次挫折面前倒下，你就会成为不折不扣的失败者。**

失败跟挫折的差别，好比跑步比赛中，跌倒了，再爬起来继续跑，这次的跌倒就只是一个挫折；跌倒了，无法爬起来继续跑，这次的跌倒就是一个彻底的失败。

| Chapter | 6 |

语言，
是商业精英必修的一门课

［第六章］

6 思考

Chapter 6

一个人身处职场，语言是十分关键的沟通技巧，假如言语得体，你便会获得他人的好感，赢得大多数人对你的喜爱；否则，你的职场就必然充满灰色调，工作和生活都无法感受到快乐的阳光。

>> POINT

1. 别人会从你所说的每一个字，了解你的分量

在热播的谍战片中，很多对白都暗藏玄机，每一句问话和每一句回答都有可能使自己暴露在敌人的枪口下。其实在日常的工作和生活中，这也并不是那么的耸人听闻，每个人说话都要小心，因为你的每一句话都能让听者了解到你所知内容的多寡。

言必契理，言可承领，言则信用。语言是传达感情的工具，也是沟通思想的桥梁。“一句话能把人说跳，一句话也能把人说笑”。有的人善于用语言来表达情意，一席话就能使人心情舒畅，有的人则不善于以语言来表达，一讲话就使人误解，俗话说“好话一句三冬暖，恶语伤人六月寒”。因此，**要想在人际交往中应对自如，就应该懂得说话的艺术。**

俗话说“饭可以乱吃，但是话不可以乱说”，这句话说得不仅有道理，还非常符合科学精神，因为每一句话只要从嘴巴里说出来之后就会具有力量，如果忽略了语言的力量，小则会因此生成争执而破坏人际关系，或是因沟通不良而失去成交的机会；大则会失去整个人生，这之间的利害关系有很多人一辈子都没有注意过。

人生不是天注定，当然也不是没有机会让你去大展身手，其实在平常习惯性的语言当中就已经决定了一生。

一个人身处职场，语言是十分关键的沟通技巧，假如你言语得体，你会获得他人的好感，赢得大多数人对你的喜爱；否则，你的职场就必然充满灰色调，工作和生活都无法感受到快乐的阳光。

职场人士大多数时间都待在办公室里，同事每天见面的时间最长，谈话可能涉及工作以外的各种事情，“讲错话”常常会给你带来不必要的麻烦。同事与同事间的谈话，如何掌握分寸就成了人际沟通中不可忽视的一环，因此要多加注意：

1.办公场所不可互诉衷肠。	有许多爱说、性子直的人，喜欢向同事倾吐苦水。虽然这样的交谈富有人情味，能使你们之间变得友好亲密，但是研究调查指出，只有不到百分之一的人能够严守秘密。所以，当你的个人危机如失恋、婚外情等发生时，你最好不要到处诉苦，不要把同事的“友善”和“友谊”混为一谈，以免成为办公室注目的焦点，也容易给老板造成“问题员工”的印象。

2.在办公场所辩论暗藏隐患。	有些人喜欢争论，且一定要胜过别人才肯罢休。假如你实在爱好并擅长辩论，那么建议你最好把此项才华留在办公室外去发挥，否则，即使你在口头上胜过对方，但其实你是损害了他的尊严，对方可能从此记恨在心，说不定有一天他就会用某种方式还以颜色。
3.办公场所不需要“小喇叭”。	小喇叭，就是把别人背后说的话或者闲言碎语到处散播。有时，你可能不小心成为“放话”的人；有时，你也可以是别人“攻击”的对象。那些“小喇叭”散播的内容，比如老板喜欢谁？谁最吃得开？谁又有绯闻等，就像噪音一样，影响人的工作情绪。聪明的你，要懂得，该说的就勇敢地说，不该说的就绝对不要乱说。
4.办公场所的炫耀之辞只会招来嫉恨。	有些人喜欢与人共享快乐，但涉及你工作上的信息，譬如，即将争取到一位重要的客户，老板暗地里给你发了奖金等，最好不要拿出来跟别人炫耀。只怕你在得意忘形中，忘了有某些人眼睛已经发红。

作为公司的员工，一定要按照上述的方式管好自己的嘴，以防祸从口出。作为公司的领导，说话就更要讲求水平，特别是对待下属的时候。

作为公司的上司，在你跟下级说话时，避免做否定的表态：“你们这是怎么办事的？”“有你们这样做工作的吗？”这些话会使对方产生压抑感，而且会对你采取敬而远之的回避方式，这对你搞好同事之间的关系十分不利，也会对你开展工作造成负面的影响。当在一定场合有必要发表评论时，要善于掌握分寸。点个头、摇个头都会被人当成是你的“指示”而被下属贯彻下去，因此，**轻率的表态或过于绝对的评价都容易引发失误。**

总之，说话容易，因为基本上两岁以上的孩子都会说话，但是“会说话”，可不是一种容易的事。著名成功学家林道安说：**“一个人不会说话，那是因为他不知道对方需要听什么样的话；假如你能像一个侦察兵一样看透对方的心理活动，你就知道说话的力量有多么巨大了！”**的确，“说话的力量”是巨大的，学会说话必然会对自己的职场之路大有裨益。

2. 你怎么说和你说什么同样重要

常言道：会做的不如会说的。这就是告诉我们会说话的重要性。说话的技巧往往能够起到事半功倍的效果。

工作几十年的理发师精心栽培了一个徒弟，准备让他接自己的班。三个月后，徒弟学艺完成，这天正式上工，他给第一位顾客理完发，顾客照照镜子说："头发留得太长。"徒弟不语。师傅在一旁笑着解释："头发长，使您显得含蓄，这叫藏而不露，很符合您的身份。"客人听了，高兴而归。

紧接着，第二位顾客进门了。徒弟给第二位顾客理完发，顾客照照镜子说："头发剪得太短。"徒弟无语。师傅笑着解释："头发短，使您显得精神、朴实、厚道，让人感到亲切。"第二位顾客在这样的赞美声中欣然离去。

徒弟又完成了为第三个顾客提供的服务，并主动征求了顾客对自己服务的意见。顾客一边交钱一边笑道："花时间挺长的。"徒弟无言。师傅笑着解释："为'首脑'多花点时间很有必要，您没听说'进门苍头秀士，出门白面书生？"顾客点头称道，表示下次还会光顾。

为第四位客人理完发，还没来得及征求意见，顾客就一边付款一边笑道：

“动作挺利索，二十分钟就解决问题。”徒弟不知所措，沉默不语。师傅笑着“抢答”：“如今，时间就是金钱，‘顶上功夫’速战速决，为您赢得了时间和金钱，您何乐而不为？”顾客听了，觉得很有道理。

忙碌的一天结束了。徒弟怯怯地问师傅：“您为什么处处替我说话？反过来，我没一次做对过。”师傅宽厚地笑道：“其实，每一件事都包含着双重性，有对有错，有利有弊。我之所以在顾客面前鼓励你，作用有二——对顾客来说，是讨人家喜欢，因为谁都爱听好听的话；对你而言，既是鼓励又是鞭策，因为万事开头难，我希望你以后把事做得更加漂亮。”徒弟很受启发，并在日后的工作中越做越好。

有句话叫“会说话，当钱花”，就是强调会说话的重要性。工作中，我们每天都要与各色各样的人打交道，学习一些说话的技巧，可以化解矛盾，赢得友谊，得体的语言是人际交往中不可缺少的润滑剂。

语言是一把双刃剑，用好了既能提升自己的形象，又能愉悦别人，密切彼此的关系；用不好则伤人害己，后患无穷。因此，说话的技巧、交谈的基本原则就要略知一二：

1.给对方说话的机会。	在与人谈话时，口齿伶俐虽然是件好事，但是，如果独自一人滔滔不绝地大发议论，会让听众感到枯燥无味。谈话是不该一个人唱独角戏的，要使参与谈话的人均有机会发表自己的观点。
2.说对方感兴趣的话。	谈话的内容，应该尽可能选择在座人士喜欢听的话题，或是聚会的主题。这是建立良好人脉关系不可或缺的技能。自己无须去扮演各种场合的气氛营造者，只需配合周围环境即可。
3.不以谈论自己为重点。	在众人聚会的场合里，最糟的莫过于将所有的话题都放在自己身上。这点应极力避免。无论是多么出众的人，只要是谈论自己，脑海自然而然地便让虚荣心与自尊心给盘踞了，如此一来，必将引起众人的不快。
4.切忌自我吹嘘。	用与本人全然无关的事大肆吹嘘，只会暴露自己缺少内涵的缺点罢了。这样做反而无法获得预期的效果，旁人对自己的评价反而会一落千丈。
5.尊重他人。	谈话间，对于他人的丑闻，自己不可热衷，更不应加以传扬，这种行为绝对是有百害而无一利的。如果是无中生有的中伤，更会对当事人造成莫大的伤害。

以上讲述的只是与人交谈的基本原则。它们看似简单，却不能不引起你的重视，否则你就可能因“失言”而后悔，甚至造成巨大的遗憾。

总之，**说话要注意言之有物，更要注意言之有方。**说话之前，先要看准时机，该说的时候说，不该说的时候不说；还要看看说话的对象是谁，自己要用怎样的语气、怎样的内容开始这次谈话，这是正确运用语言的力量的必要前提。

3. 人们在有所求时，语气特别不同

无所顾忌的说话方式，说话百无禁忌、口不择言，以至于语气生硬，甚至出语伤人，谈话的效果自然不好。这个时候，我们就要考虑改变一下说话方式，换一种语气。

在我们对人有所求时，就不能用指令性的语言、语气，这样往往对方都不会愿意帮助你。其实不光是我们请求别人时要改变语气语调，面对不同的对象、不同的事情、不同的场合以及本着不同的目的时候，我们都要改变自己的语气语调，这实际上就是一种说话的态度。

在美国宪法的制定过程中，本杰明·富兰克林曾做出过积极贡献。在费城举办的宪法制定会议上，他曾有一场演说，取得巨大成功。之所以取得成功，是因为本杰明在面对反对派时，能够注意说话的语气语调，充分利用语言的艺术博得满堂喝彩。

美国是一个多宗教、多种族的国家，在宪法制定的过程中，不同种族的派别对立现象十分严重。在一次关于宪法的会议上，会场上赞成派与反对派间的争辩相当激烈，而其中亦不乏情绪激动者的人身攻击言论，整个会议眼看就要失控。

身为赞成派的富兰克林准备上台演说时，反对派人士也不断对他喝倒彩。可是当他一开口说话，原本混乱的会场立马鸦雀无声。富兰克林的第一句话是：“各位，对于这个宪法，坦白说，我自己也并非双手赞成。”身为赞成派主脑之一的他竟然说出这种话，反对派人士着实吃了一惊，马上停止了喝倒彩，进而仔细聆听演说。富兰克林一边慢慢地观察适当的时机，一边说道：“但是我也不能说自己完全不赞成，我想大家应该都和我一样，只是对于一些小细节有不同的看法吧。在此，就让我们一起反省自己的想法是否真的完全没错，再共同签下这份草案的同意书吧。”在富兰克林的“策略”下，现场的强硬派开始理性思考宪法制定过程中涉及的问题，强硬的态度也有所缓和。富兰克林的这次语言艺术对宪法制定的进程起到了很好的推进作用。

身在职场的人都深有体会，在公司平常的会议上，当出席的人分成反对和赞成两派人马时，往往双方都无法倾听对方的意见，说起话来群情激奋，大家满脑子都在想着反对意见，因此会议的论调也就是从头到尾的为了反对而反对。

在这种时候，与其说激动地辩说着“请听我说完……”“我真正想说的是……”，想把对方压制住，根本是白费力气。而像富兰克林的说话技巧就是最好的示范。

以退为进、以缓和的口气博得对方的好感是至关重要的，通过类似请求的语气，有助于在反对者内心建立一定程度的信赖感。

就像你在有求于人时，首先不能用“肯不肯帮忙”的语气发问一样。这样，会使被请求的一方感到不快。因为，“肯不肯帮忙”包含两层意思：肯与不肯。而后面一层意思明显地表明了你对别人的不信任，容易使人产生误会。即使你借到了东西，主人未必心甘情愿。其次，要明确被请求对象与自己的关系，如果是好友、知心朋友，语气可以直截了当、随便一些，以免让对方感到不自在；若是上级或一般朋友，就要用谦卑的语气，随机应变。如果实在是怕请求不成，最后事情没有办成还弄得双方不愉快，为以后的交往埋下隐患，此时的请示不妨尝试一下暗示的语气：

1.以使用被动句的暗示方式表达请求。	通过使用被动句避免提及施事者，把有关意思表达出来，以显得婉转一些，往往效果更佳。
2.用自说自话的暗示方式表达请求。	使用不定代词代替“你”或“我”把有关意思表达出来，使话语听上去稍微平和一些。点名道姓叫人家做这做那，或者强调自己必须如何，这常常是不怎么礼貌的，效果当然也就不好。
3.用旁敲侧击的暗示方式表达请求。	请人做事，不必都要细细讲明。很多情况下，只要给对方一点儿暗示即可，这样就显得很自然。
4.用提供线索的暗示方式表达请求。	通过提供有关线索，间接引导对方考虑自己的请求，给自己和对方都能留下很大的余地，常常比直接讲明心愿更为得体一些。
5.用预设前提的暗示方式表达请求。	通过蕴含的前提把请求暗示出来，使对方自然而然地按照自己的要求去做。
6.用轻描淡写的暗示方式表达请求。	有意使用轻描淡写的语言把请求的意思表达出来，使之更易接受、更有意味、效果更佳。
7.用唯一选择的暗示方式表达请求。	借助同事反复地把有关请求表达出来，显得比较通情达理，听起来非常自然。

以上只是表达请求时的一些语言技巧，如果能够灵活掌握，不仅会促进自己各项请求的达成，还会赢得很好的人际关系。

4. 语气委婉，别人比较听得进去

有人认为委婉是婆婆妈妈、拐弯抹角的代言人，给人一种优柔寡断的印象。而事实上，委婉的说话方式在阐述某些尖锐的话题时，更容易被对方接受。委婉的人常常不直接表达本意，而是通过营造气氛，让听者自思其意，这样往往更具感染力和说服力。

每个人都有着自己一系列的观点和看法，它支撑着自己的自信，是自己思考的结果。无论是谁，遭到别人直言不讳的反对，特别是受到激烈言辞的迎头痛击时，都会产生敌意，导致不快、反感、厌恶乃至愤怒和仇恨。这时，人们会感到气窜两肋、肝火上升、血脉愤张、心跳加快，全身处于一种高度紧张状态，时刻准备反击。其实，这种生理反应正是心理反应的外化，是人类最本能的自我保护机制的反应。

过于直接的说话方式，往往会使对方自尊心受损，颜面尽失。因为这种方式使得问题与问题、人与人面对面地站到了一起，除了正视彼此以外，已没有任何回旋余地，而且，这种方式是最容易形成心理上的不安全感和对立情绪的。一个人的反对性意见犹如兵临城下，直指对方的观点或方案，怎么会使对方不感到难堪呢？特别是在众人面前，对方面对这种已形成挑战之势的意见，已是别无选择，他只有痛击你，把你打败，才能维护自己的尊严与权威，而问题的合理性与否，早就被抛至九霄云外了，谁还有空去追究、探索其中的道理呢？

事实上，每个人都深有体会，通过间接的途径表达自己的意见反而更容易被人接受，这大概就是古人以迂为直的奥妙所在吧！原因其实很简单：间接的方法很容易使你摆脱其中的各种利害关系，淡化矛盾或转移焦点，从而减少对方对你的敌意。在情绪正常的情况下，理智占了上风，对方自然会认真地考虑你的意见，不至于先入为主地将你的意见一棒子打死。

总之，学会委婉地表达自己的反对性意见，可避免直接的冲撞，减少摩擦，使对方更愿意考虑你的观点，而不被情绪所左右，更重要的是，委婉的表达方式还会化解很多尴尬和误会，变不利局面为有利局面。

在迪士尼乐园发生过这样一件事：某天下午，大批游客聚集在乐园的玩具站台前面。正当服务小姐应接不暇之时，一小孩伸手抓起一只玩具就跑。不一会儿，小孩连同玩具被有关人员带回来。这时，围上来许多顾客，他们既为小孩担心，又想看看服务员到底如何处理这件事。小孩擅拿玩具，多半是好奇，不懂事。这种情况如果说重了，怕小孩自尊心受不了，周围人也容易打抱不平，不说吧，东西又要不回来。这真是件棘手的事。服务小姐思考片刻，面带微笑地走到小孩身边，拉起小孩子的手温和地说：“小朋友，你喜欢这个玩具吗？”“喜欢。”小孩答。“小朋友自己拿玩具好不好？”“不好。”小孩子不好意思地低下头。“对了，以后小朋友喜欢什么玩具就告诉阿姨，阿姨给你拿，好吗？”“好。”小孩像什么也没发生过一样将玩具递给服务员，在他的心中，这就像是在幼儿园里发生的平常事一样。相信这件在别人看来性质很恶劣的事情，也不会在孩子的内心产生什么阴影。

这件原本有些棘手的事，被乐园服务人员用亲切委婉的话语和平解决，既要回了所丢失的商品，又维护了小孩的自尊心，还不失时机地对孩子进行了道德教育。她的优质服务，在顾客心中留下了美好的印象，由此也为迪士尼乐园赢得了更高的评价。

卡耐基说得好："**每个人都会犯错误，每个人也都有自尊心，有些问题不必采用直接批评的方法，相反，采用间接的方法来指出问题，有时效果反而会更好**。"

在商务活动和职场生活中，委婉的技巧更是非常重要。无论是面对顾客还是同事，顾全对方面子都最重要，特别是在对别人有反对意见时，一般更不要"直言不讳"，委婉的方式反而更加奏效。

有一位老师曾遇到过这样一件事：下课了，一个同学向老师反映，昨天她爸爸送给她的生日礼物——一支派克钢笔不见了。老师巡视了一下全班同学的表情，发现坐在她旁边的学生神情惊慌、面色苍白，于是，这位老师明白了一切。但如果当面指出，不仅没有证据，还会伤害这位同学。于是，她想了想说："别着急，肯定是哪位同学拿错了，黑色的钢笔实在太多了，互相拿来拿去是经常发生的事。只要等会儿，他看清楚了，一定会还给你的。"果然，下课以后，这位同学就发现自己的钢笔又回来了，不禁感叹老师真是料事如神。

5. 口不择言往往造成尴尬的局面

有些人性格直爽，说话喜欢直来直去、口不择言，什么事都爱发表评论，遇到不顺眼的就要鸣上几枪，这种人往往没有什么心机，与人接触时常常掏心掏肺地以诚相待。这种爱憎分明的性格是极为难得的，但是直来直去、口不择言的做法，往往是这些人行走职场的致命伤，原因如下：

（1）口不择言多为冲动之举，很有可能被假象迷惑，伤人伤己。

喜欢口不择言的人说话时常常只看到现象或问题，也常常只考虑到自己的“不吐不快”，而不去考虑旁人的立场、观念、性格。他的话有可能是一派胡言，也有可能鞭辟入理。一派胡言的口不择言，对方明知却又不好发声，只好闷在心里；鞭辟入理的口不择言因为直指核心，让当事人不得不启动自卫系统，若招架不住，恐怕就怀恨在心了。所以，口不择言不论是对人还是对事，都会让人受不了，于是人际交往就出现了阻碍，别人宁可离你远远的，免得一不小心就要承受你的口不择言；不能离你远远的，那就想办法把你赶得远远的，眼不见为净，耳不听为静。

（2）口不择言的人眼不容沙的性格常常会被人利用，得不偿失。

喜欢口不择言的人一般都具有“正义倾向”的性格，言语的爆发力及杀伤力也很强，所以有时候这种人也会变成别人利用的对象，被鼓动去揭发某事的不法，去攻击某人的不公。不管成效如何，这种人总要成为牺牲品。成效好，鼓动你的人坐享战果，你分享不到多少；成效不好，你必成为别人的眼中钉，是排名第一的报复对象。

所以，在现实社会里，**口不择言是一把伤人又伤己的双面利刃，而不是一种对人对己有益无害的沟通方式。**如果你是一个平时喜欢口不择言的人，那么你应该注意以下几个方面：

（1）不直接指出他人的不当之处。

这是对人的方面，要注意少直言指陈他人处事的不当，或纠正他人性格上的弱点。这不是“爱之深，责之切”，而是和他过不去。而且，你的口不择言也不会产生多少效用，因为每个人都有一个内心堡垒，“自我”便缩藏在里面，你的口不择言恰好把他的堡垒攻破，把他从堡垒里揪出来，他当然不会高兴！因此，能不讲就不要讲，要讲就迂回地讲，点到为止地讲，他如果不听，那是他的事！

（2）不直接指出他事的不当之处。

这是对事的方面，要注意尽量少去批评其中的不当。事是人计划的、人做的，因此批评“事”也就批评了“人”，所谓“对事不对人”，这只是“障眼法”。除非你力量大、地位高，否则口不择言只会给自己带来麻烦！如果能改变事实，则这麻烦倒还值得；如果不能，还是闭上嘴巴吧！如果非讲不可，也只能迂回地讲，点到为止地讲，如果没人要听，那是他们的事！

因此，口不择言往往造成令人、令已尴尬的局面。在职场中口不择言只会招来领导讨厌、同事厌恶；在生活中口不择言只会伤害家人和朋友。因此，要讲求说话的艺术，冲动时告诉自己“冲动是魔鬼”，慢慢锻炼以理智按捺冲动的能力，会取得意想不到的效果。

有一位顾客在药店买了八支针筒，回家后发现有一支是破的，于是就拿去换："你好，昨天我在这里买了八支针筒，其中有一支破的，您看……"

店主满脸微笑，和蔼地说："好说好说，我们马上给您换。老陈啊，你快到里面把针筒换一换。"接着对顾客说："对不起，请稍等一下。"

顾客换好了针筒，临走时很客气地说："真谢谢你们，你们的态度真好，真会做生意。再见！"

可是，当他正要往外走时，店员老陈又把他喊住了："喂，你等一下，我告诉你，今天算你运气好，碰上老板高兴，以后可没这样的好事喽。要是我们天天都为顾客换针筒，那生意就别做了。谁知道你的针筒是不是家里的小孩弄破的？谁叫你买的时候不看仔细？"

口不择言往往造成令人、令己尴尬的局面，并使人心生不悦。

6. 思考可随心所欲，表达却必须谨慎小心

语言是思想的反映，很多人都是心里想什么就说什么。当心里高兴时，就说一些积极上进、温和动听的话；当心里不高兴时，就会不自觉地说一些消极刻薄、伤人伤己的话。有的人不注意这样的事情，因此说话常不加思考，一说话就走嘴，然而说出去的话泼出去的水，对人的伤害是无法收回和弥补的。因此表达想法的语言必须要谨慎小心。

语言表达能力是现代人才必备的基本素质之一。在现代社会，由于经济的迅猛发展，人们之间的交往日益频繁，语言表达能力的重要性也日益增强，**好口才越来越被认为是现代人所必备的能力。**作为现代人，我们不仅要有新的思想和见解，还要在别人面前将其很好地表达出来；不仅要用自己的行为对社会做贡献，还要用自己的语言去感染、说服别人。

就职业而言，现代社会从事各行各业的人都需要口才；对政治家和外交家来说，口齿伶俐、能言善辩是基本的素质；商业工作者推销商品、招徕顾客，企业家经营管理企业，这都需要口才。**在人们的日常交往中，具有口才的人能把平淡的话题讲得非常吸引人，而口笨嘴拙的人就算他讲的话题内容很好，人们听起来**

也是索然无味。有些建议，口才好的人一说就被采纳了，而口才不好的人即使说很多次还是无法获得认同。

美国医学会的前会长戴维·奥门博士曾经说过，我们应该尽力培养出一种能力，让我们能够进入别人的脑海和心灵，能够在别人面前、在人群当中、在大众之前清晰地把自己的思想和意念传递给别人。在我们这样努力去做而不断进步时，便会发觉：真正的自我正在人们心目中塑造一种前所未有的形象，产生前所未有的冲击。

总之，**语言能力是我们提高素质、开发潜力的主要途径，是我们驾驭人生、改造生活、追求事业成功的无价之宝，是通往成功之路的必要途径。**语言要通过如下途径加以锻炼和提高：

首先，要想说得好，先要做好基础工作。	
1. 提高自己听的能力。	听是说的基础。要想会说，首先要养成爱听、多听、会听的好习惯，如多多地听新闻、听演讲、听别人说话等，这样你就可以获取大量、丰富的信息。这些信息经过大脑的整合、提炼，就会形成语言智能的丰富源泉。培养听的能力，为培养说的能力打下坚实的基础。

2. 提高自己看的能力。	多看可以为多说提供素材和示范。你可以看电影、报纸、书籍及电视中的语言节目，还可以看现实生活中各种生动而感人的对话场景。一方面可以陶冶情操、丰富文化生活，另一方面又可以让你学习其他人说话的方式、技巧和内容。特别是那些影视、戏剧、书报中的人物对话，它们源于生活又高于生活，可以为你学习说话提供范例。
3. 提高自己记的能力。	背诵不但可以强化记忆，还能训练你形成良好的语感。建议你不妨尝试着多背诗词、格言、谚语等，它们的内涵丰富、文字优美。如果你背得多了，不仅会在情感上受到滋润、熏陶，还可以慢慢形成自己正确而生动的语言。
4. 提高自己想的能力。	想是让思维条理化的必经之路。在现实生活中，很多时候我们不是不会说，而是不会想，想不明白也就说不清楚。在说一件事或介绍一个人之前，建议你认真想想事情发生的时间、地点和经过，想一想人物的外貌、特征等。有了比较条理化的思维，你才会让自己的语言更加条理化。

其次，表达时要遵循以下几个原则和策略：	
1.实事求是，不要花言巧语。	说话和办事一样，都讲究实在，不要一味追求华丽的辞藻，更不要哗众取宠。
2.通俗易懂，不要故作姿态。	说话要避免深奥，尽量使用大众化的语言，像俗语、歇后语、幽默笑话等，这样，你办起事来可能会事半功倍。
3.简明扼要，不要模糊不清。	说话要简明扼要、条理清楚，不要长篇大论、言之无物，这样，别人会听不懂你说的话。
4.谦虚谨慎，不要“摆架子”。	假如你在言语中有“摆架子”的表现，倾听的人会十分反感。这样，你不但达不到说话的目的，还会影响听话人的情绪。希望你能牢记：谦虚是说话人的美德。

认真实践以上两个部分，对提高你的语言思考和说话能力有着积极的作用。实践好，锻炼好，相信你在以后表达想法的时候，就会少出错、出言有益。

| Chapter | 7 |

友善的合作，是迈向成功的快捷方式

[第七章]

7

思考

Chapter 7

>> POINT

有许多人都信仰个人英雄主义，自认为凭借自己一己之力就可以打拼天下，就可以撑起一片蓝天。因此，很多人往往会忽略应有的合作意识，不善于与人合作，而只是专心致力于自己的工作。要知道『一个篱笆三个桩，一个好汉三个帮』，这是从古至今人们在生活中得出的宝贵经验。要想成就一番大事，必须靠大家的共同努力。在现在这个竞争激烈的环境中，只靠一个人打拼天下是不现实的，我们必须要有与人团结合作的精神，才能够集中发挥优势，在事业上取得成功。

1. 友善的合作比煽动更得人心

在这个世界上，一个人是走不了多远的，真正意义上的“独行侠”只在小说和戏剧中存在。而在现实中，不管你本领多高，运气多好，不懂得合作，就会被这个世界淘汰出局。

一个村子突遇大火，众村民纷纷四散而逃。没成想，只剩下一个可怜的盲人和一个瘫痪病人。盲人看不见哪里有火，哪里没火，不知道该向哪个方向迈步。瘫痪病人瞪着两眼着急，火就要烧到自己身边了，却无法挪动一步。后来，他们想出一个办法——盲人背起瘫痪病人，借助瘫痪病人的双眼看路，瘫痪病人借助盲人的双腿“跑路”。被人们遗忘和抛弃的盲人、瘫痪者也顺利逃出了火海。

这个故事就是告诫人们，生活中，人与人之间少不了合作。因为尺有所短，寸有所长，不懂得合作不仅没有机会双赢，就连出路也没有。

但是合作也是要讲求方式方法的，假如我们将上面的故事戏剧化一下，也许这个合作就不会成功。假如这位盲人和瘫痪者有着不共戴天的仇恨——盲人之所以失去光明，瘫痪者之所以失去行走能力，都是因为年轻时两人的一次斗殴。而现在为了逃命，他们不得不在一起合作，却不能以友善的心态作为合作的前提，而是互相攻击，互相煽动。盲人指责瘫痪者：“若不是你咎由自取，怎么会落得今天的下场？如今还得由我背着你逃命。”瘫痪者也不甘示弱，说：“若不是你多行不义，怎么会什么都看不见？现在还得借我的眼睛给你指路。”……无休止的争吵也许会将他们逃命的宝贵时间无限地耽搁下来，从而失去逃生的机会。因此，**合作的前提是不计前嫌、真诚友善，绝不可以互相攻击、互相煽动，那样的合作只会是两败俱伤。**

对于合作双方来说，诚恳合作、友善大方是双方合作的基本要求。每人都有不同的立场，不可能要求利益都一致。关键是大家都要和谐友善地、开诚布公地合作，不要委屈求全，才能为进一步合作提供发展的空间。

上世纪五十年代，美国佛雷化妆品公司几乎垄断了整个黑人化妆品市场。这时，有一家只有三名员工和五百美元资金的约翰逊黑人化妆品公司生产了一种粉质化妆膏，并刊登广告——当您用过佛雷公司的化妆品之后，再搽上约翰逊粉质化妆膏，您将会收到意想不到的效果。这是约翰逊多次登门拜访佛雷化妆品公司，争得其同意合作的结果。

佛雷并不在乎与这样的小公司合作，但是约翰逊以不需要佛雷做出任何工作、出任何资金，只是允许自己的公司使用佛雷这个商标出现在自己的广告词中就可以。而且这广告宣传明显有利于佛雷，却不用花掉一分钱，何乐而不为呢？在约翰逊友善、坦诚的合作计划面前，佛雷最后点头同意了这个合作。但是，约翰逊的同事却都反对为佛雷公司吹捧，约翰逊却说：“他们的名气大，我需要这么做。打比方说，现在很少有人知道我叫约翰逊，但是，如果我站在美国总统的身边，别人就会留意我，我的名字就会家喻户晓，推销产品也是同样的道理。佛雷公司享有盛名，我们的产品与它的名字一起出现，看似明捧佛雷，实属彰显自己。”结果果然不出约翰逊所料，借着佛雷的名气，约翰逊的公司实力大增，最终成为称霸黑人化妆品市场的一匹黑马。

可想而知，如果佛雷公司一开始就看到或者预见到约翰逊的公司将会变成威胁自己的黑马，估计是不会与之合作的。但是约翰逊以友善、诚恳的合作态度打动了对方，因此获得了发展自己的快捷方式。倘若，约翰逊一开始就采取高声赞扬自己的产品而诋毁佛雷产品的方式的话，那么结果可想而知。

秃尾鸟是鸟类大家族中一种比较特别的鸟儿。由于它脑袋大，尾巴秃，很难保持平衡。如果单独去河边低头饮水，就会一头栽进河里。所以，这种鸟去河边饮水都是结伴而行，一只鸟饮水时，另一只鸟在旁边衔住它的羽毛，大家互相帮助。这样帮助的结果就是大家都可以顺利、安全地喝到水了。

秃尾鸟的故事使我们懂得：**不懂得合作是非常危险的，不懂得友善合作更是无望的。**如果不本着友善合作的态度，那么不管是双方的哪一方都会成为第一个被狼吃掉的羊，或最先饿死的狼。

总之，合作很重要，而友善才能使合作得到互利互惠的结果。倘若双方只顾自己，缺乏为别人着想的协作精神，最后，只能全部陷入深渊而不能自拔。因为只有友善合作，关心他人、坦诚大方，才能获得合作的成功。

一个村子突遇大火，众村民纷纷四散而逃。没成想，只剩下一个可怜的盲人和一个瘫痪病人。盲人看不见哪里有火、哪里没火，不知道该向哪个方向迈步。瘫痪病人瞪着两眼着急，火就要烧到自己身边了，却无法挪动一步。后来，他们想出一个办法，盲人背起瘫痪病人，借助瘫痪病人的双眼看路，瘫痪病人借助盲人的双腿“跑路”。最后，被人们遗忘和抛弃的盲人、瘫痪者也顺利逃出了火海。

生活中，人与人之间少不了合作。因为尺有所短，寸有所长，不懂得合作不仅没有机会双赢，就连出路也没有。

2. 合作必须从部门领导开始，效率亦然

身在职场的人都有很深的感触，那就是：跟随工作效率高的主管工作，慢慢地，自己的工作效率也会变得越来越高；与自身素质高的主管一起共事，自身的素质也会得到很大的提升；与善于借助外力、善于与人合作的主管一起奋斗，那么自己也会慢慢变得经常主动寻求外力即合作的机会……

因此，**要充分发挥合作的作用，实现合作的目标，就必须从部门领导开始，这样才能带动整个部门的合作氛围和工作效率，确保工作质量的提升。**

平时喜欢去庙里进香吗？如果选是，那么你对里面的布局就应该比较清楚：一进庙门，首先是弥勒佛，笑脸迎客，而在他的北面，则是黑口黑脸的韦陀。但相传在很久以前，他们并不在同一个庙里，而是分别掌管不同的庙。弥勒佛个性热情、乐观，所以来的人非常多，但他什么都不在乎，丢三落四，没有好好地管理账务，所以依然入不敷出。而韦陀虽然管账是一把好手，但成天阴着个脸，太过严肃，搞得人越来越少，最后香火断绝。佛祖在查香火的时候发现了这个问题，就将他们俩放在同一个庙里，由弥勒佛负责公关，笑迎八方客，于是香火大旺。而韦陀铁面无私，锱珠必较，就让他负责财务，严格把关。在佛祖精心安排

下，弥勒佛和韦陀分工合作，将寺庙经营出一派蒸蒸日上的景象。

在这个关于合作的案例中，佛祖这位领导深知合作的道理，也深知用人的方法，在他的推动下，这个完美的合作才得以很快实施和取得实效。因此，从领导那里开始推进的合作，往往比下属员工自己寻找和推进的合作效率要高，实现的可能也更大。

在工作中，人们常常会遇到一些不愿合作的同事，应该怎么办呢？要使不合作者转变为合作者，不仅仅是一个口头上的说服问题，更是一个需要实际行动才能解决的问题。只有在行动上帮助不合作者，才能使不合作者成为合作者。在需要说服时，要想出比较巧妙的方法，才会取得较好的效果，而这种巧妙的办法如果由领导出面，往往会取得意想不到的效果。

美国某著名公司的工程师罗杰斯想在一个部门安装一个新仪器，但是他想到那个部门的管理者一定会排斥这种做法，这次合作也许不大好争取，因此不能简单地将这个任务直接交给那个部门的技术人员，而是要争取到和领导之间的合作。怎么办呢？罗杰斯想了很多，终于想出了一个办法。罗杰斯是怎样和这个部门领导打交道的呢？

有一天下午，罗杰斯去找那个部门领导，腋下夹着那个自己想更换的新式产量指数表，手里拿着一些要征求他意见的文件。当他们讨论文件的有关问题时，罗杰斯把那个指数表从左腋换到右腋，又从右腋换到左腋，移换了好几次。那个部门领导者终于开口说："你拿的是什么？""哦，这个吗？这不过是一个新的指数表。"罗杰斯漫不经心地答道。"让我看一看。"领导说。"哦，你没必要看的。"罗杰斯假装要走，并这样说，"这是给别的部门用的，你们部门用不上这种东西。”“但我很想看一看。”领导又说。于是罗杰斯又故意装着一副勉强答应的样子，将那指数表递给他。当那个部门领导者审视指数表的时候，罗杰斯就假装随意而又非常详尽地把这东西的效用讲给他听。那个部门领导者终于叫喊道：“谁说我们部门用不到这个东西，这正是我们寻求许久的！”

这个故事里，工程师罗杰斯最终利用欲擒故纵的策略使不合作者成为合作者，顺利地将工作向前推进了一步。而实现这个目标的前提是他深知合作需要从上层领导开始的道理，假如罗杰斯一开始就将这项任务交给那个部门的技术人员，当技术人员去更换或者去征求部门领导更换新指数表意见时，一旦遭到部门领导的反对，那时再想去争取与上层领导之间的合作，就变得很难了。

要想组建一个高效率的、善于与人合作的团队，其成员必须有互助合作的素质和能力，但其领导要在善于合作上充分展示自己的能力并做出表率，竭尽所能地带领团队获得成功。

罗杰斯去找那个部门领导，腋下夹着那个自己想更换的新式产量指数表，手里拿着一些要征求领导意见的文件。当他们讨论文件的有关问题时，罗杰斯把那个指数表从左腋换到右腋，又从右腋换到左腋，移换了好几次。那个部门领导者终于开口说：“你拿的是什么？”“哦，这个吗？这不过是一个新的指数表。”罗杰斯漫不经心地答道。“让我看一看。”领导说。“哦，你没必要看的。”罗杰斯假装要走，并这样说，“这是给别的部门用的，你们部门用不上这种东西。”“但我很想看一看。”领导又说。于是罗杰斯又故意装着一副勉强答应的样子，将那指数表递给他。当那个部门领导者审视指数表的时候，罗杰斯就假装随意而又非常详尽地把这东西的效用讲给他听。那个部门领导者终于叫喊道：“谁说我们部门用不到这个东西，这正是我们寻求许久的！”

3. 乐意合作能产生力量，强迫只会导致败果

众所周知，商场上的竞争只讲利益不讲情义，但如果只是单纯地认为，对方受益自己就会受损是不完全正确的，这样行事的结果往往是两败俱伤。为了更好地求得生存、谋得发展，我们必须要有共赢的思想把商业竞争变成一场双方都可以获利的竞争。**与对手共赢，就是以较小的代价换取更大的利益，最简单的技巧就是谋求合作。**合作的基础是双方自愿、乐于合作，结果是双方共赢、利益均沾。合作必须秉承这一原则，否则一味地靠强迫促成的合作或双方对位不平等的合作，都必将导致失败的结果。

有三群蜜蜂分别生活在农田旁边的三处灌木丛里。有一天，农夫觉得这些矮矮的灌木没有多大的用处，还不如砍掉了当柴烧。当农夫动手砍第一丛灌木的时候，住在里面的蜜蜂苦苦地哀求他："善良的主人，您就是把灌木砍掉了也没有多少柴火啊！看在我们每天为您的农田传播花粉的情分上，求求您放过我们的家吧。"农夫看看这些无用的灌木，摇了摇头："没有你们，别的蜜蜂也会传播花粉。"农夫说完就毫不留情地将第一个灌木丛清理干净了，灌木丛里的蜜蜂也失去了家园。

没过多久，厄运又降临到第二个灌木丛上。这时候冲出来一大群蜜蜂，对农夫嗡嗡大叫："残暴的地主，你要敢毁坏我们的家园，我们绝对不会善罢甘休！"农夫的脸被蛰了好几下，他一怒之下，一把火把整丛灌木烧得干干净净。当农夫把目标锁定在第三丛灌木的时候，蜂窝里的蜂王飞了出来，对农夫柔声说道："睿智的投资者啊，请您看看这丛灌木给您带来的好处吧！您看这丛黄杨树木质细腻，成材以后准能卖个好价钱！您再看看我们的蜂窝，每年我们都能产出很多蜂蜜，还有最有营养价值的蜂王浆，这可都能给您带来很多经济效益呢！"听了蜂王的介绍，农夫忍不住吞了一口口水。农夫觉得很有道理，于是放下斧头，与第三个蜜蜂家族做起了生意。

在这个故事中，面对强大的对手——农夫，三个蜜蜂家族采取了不同的对策。第一个蜜蜂家族虽然道出了农夫与之合作的好处，但是它们没有将其利益，特别是农夫将得到的利益阐述得很透彻，所以没有争取到农夫合作的意愿，结果自然是因游说力度不够而失败；第二群蜜蜂选择了集体对抗，殊不知自己面对的是多么强大的敌人，一味地对抗只能带来毫无悬念的失败；第三群蜜蜂也选择了与对手合作共赢，而且将利益分析得透彻到位，从而争得了农夫乐意合作的态度，也自然达到了保全自身的最终目的。

人本身就有趋利避害的本能，很难免俗。在职场里，更是如此。但若想为自己争取更多的利益，保全自己的权益，最好的办法就是通力合作，才能增强彼此的力量。所以**在职场，要学会争取别人与自己心甘情愿地合作，而不是勉强、强迫，这样才能充分发挥每个人的长处，扬长避短，资源共享，形成合力，才能取得双赢的效果。**

在浮沉不定的职场中，争取别人心甘情愿的合作可以从以下方面入手：	
1.时刻给合作者以鼓励。	要称赞他取得的成果——即使是很小的成功。
2.时刻顾全合作者面子。	不让对方感到难堪，不夸大、不苛责对方的错误。
3.不在背后议论合作者。	如果找不到什么赞美的话说，那就保持沉默。
4.留意合作者的过人之处。	这样，当你对合作者表示赞许的时候，就会有充分的理由，而不会有谄媚之嫌。
5.时常提及对方高尚的思想和动机。	谁都希望自己在别人眼中是宽宏而无私的，你可以表现出对方已经拥有了优良品质的模样。那样，对方会很乐意与你合作的。
6.委婉指出对方的错误。	坚持对事不对人，表现出自己的真心诚意，并注意说话方式、场合，切不可书面批评。
7.尊重合作者的自我感觉。	这样更有利于鼓励对方，也会使对方更愿意与你在一起。
8.主动承认和改正自己的错误。	当自己犯错误的时候，要及时承认、道歉和改正。

9.多用请求语气，少下命令。	这样做，可以促进合作关系，避免引发矛盾。
10.理解、包容对方的怒火。	要试着从别人的立场上分析事情，每个人都需要发泄，宽容和理解是互利共赢的基础。
11.多听取对方的意见。	你要给别人诉说的机会，而自己甘做一个好的听众，即使对方说错了也不要打断，必须要让对方相信主意来自他自己。
12.主动关心对方，帮助对方。	常常赠送一些小礼品——可以没有任何理由的，寻找让别人快乐的途径。
13.出现矛盾先检讨自己。	要倾听对方的意见，努力寻找双方的一致之处，要用批评的眼光看待自己，向对方保证考虑他的意见，并对他给予自己的启发表示谢意。
14.尊重对方，保持微笑。	尊重即基础，友善是保障，这两点是维护长久合作，使合作双方都获得利益的重要支撑。

4. 让别人做得更好，同时提升自己的价值

在职场、商海中，不要因害怕别人做得更好而不加以帮助，其实，帮助别人做得更好的同时，也是在帮助自己、提升自己。这是合作带来的双赢效果。

这是一个关于马和驴之间合作失败的故事。

有一天，驮着沉重货物的驴，气喘吁吁地请求只驮了一点儿货物的马：“帮我驮一点儿东西吧。对你来说，这不算什么；可对我来说，这是沉重的负担，何况我们还是并肩战斗的战友呀！”

马儿拉着个脸：“还说是战友，你就想让我增加负担吗？”

没过多久，驴过劳死了。原先由驴承担的任务全部加到了马的身上，马儿也失去了与自己并肩战斗的战友，为此，它懊悔极了。

在这个故事当中，马儿不为驴儿分担货物，是以负担太重为理由。也许它觉得过重的负担会影响自己的身体健康。但是当驴儿累死以后，所有的负担都加在了马儿的身上，此时的负担显而易见是超负荷的。如果它肯在一开始就接受驴的请求，帮助驴子分担一部分货物，那个时候的负担对于两个人来说都没有超出负荷，对彼此都有好处。因此，马儿选择不帮助驴子，也就是选择了不帮助自己。

曾经有人问比尔·盖茨成功的秘决。比尔·盖茨说："因为有更多的成功人士在为我工作。"

也有学者提到过：**先为成功的人工作，再与成功的人合作，最后是让成功的人为你工作。**可见，帮助别人，让别人做得更好，实际上就是帮助自己提升，从而进一步赢得未来。帮助别人，让别人做得更好，更多的时候就是在为自己提供后路和发展的可能。

在一场激烈的战斗中，上尉忽然发现一架敌机向阵地俯冲下来。照常理，发现敌机俯冲时要毫不犹豫地卧倒。可上尉并没有立刻卧倒，他发现离他四五米处有一个小战士还站在那儿。他顾不上多想，一个鱼跃飞身将小战士紧紧地压在了身下。此时一声巨响，飞溅起来的泥土纷纷落在他们的身上。上尉拍拍身上的尘土，回头一看，顿时惊呆了：如果自己刚刚有点私心不来帮助小战士，那么现在也许自己只剩下一点儿小的衣服残渣了，因为刚刚自己所在的地方已经被炸成了一片大坑。

成全别人，让别人做得更好并不是蔑视竞争，埋没自己，而是在成全自己。正所谓授人玫瑰，手有余香。在帮助别人做得更好的同时，自己的内心也会产生一种由衷的幸福，而且会受到他人的尊重。而我们的热心也会像接力棒一样传递下去，在我们遇到困难和无助时，我们也会得到他人的成全，我们也能感受到自己成全别人时的那种温暖。更重要的是，在这一过程中，自己也学到了很多知识，知道了自己在遇到此类问题时该如何解决，从而使自己在不知不觉中得到提升。

帮助别人做得更好，同时提升自己的价值，这是团队合作中常见的事情，也是最为人称道和欣赏的。**对于团队中的每一位成员来说，帮助其他人做到最好，对于自己来说，也是在以最好的途径、最快的速度使自己得到提升。**

人，生活在尘世中，谁都需要与他人打交道、合作。每个人遇到困难时，都迫切渴望得到别人的理解和帮助。今天对别人的支持和帮助，就是明天别人对自己的支持与帮助，只有这样，才能使自己的能力不断地得到锻炼和提升，同时也能使自己在“得道多助”的氛围中驰骋职场。

有一个制作糕点的小商贩把自己的糕点工具搬到了会展地点——路易斯安那州。他的薄饼生意实在糟糕，而和他相邻的一位卖冰激凌的商贩的生意却好得不得了，一会儿工夫就售出了许多冰激凌。很快，他把带来的用来装冰激凌的小碟子用完了。

心胸宽广的糕饼商贩见状，就把自己的薄饼卷成锥形，用它来盛放冰激凌。卖冰激凌的商贩见这个方法可行，便要了大量的薄饼，大量的锥形冰激凌进入客商们的手中。此后，薄饼的生意也越来越好。

成全别人，让别人做得更好，并不是蔑视竞争，埋没自己，而是在成全自己。

5. 请求比命令更能得到好的结果

当今社会强调的是民主、平等和个性，难以想象历史上那些强制性的野蛮做法在今天还行不行得通。**每个人都有感触，如果不是在部队里，命令通常是不会被坦然接受的。**人们愿意接受请求，因为请求可以唤起参与感和合作精神。

在竞争激烈的职场，作为下属或者员工也许觉得自己没有发号施令的机会，也就很少涉及请求与命令的问题，但是作为管理者，对下属下达任务，发号施令，经常被认为是很正常的事情。殊不知，**无论是管理者还是普通员工，都是公司这个大集体中的一分子，彼此之间的关系实质上是一种合作关系而非绝对的领导关系。**因此，在工作中，以请求的语气要求下属做事比直接下达生硬的命令要好得多。所以，在工作中要积极思索怎样下达命令才会使工作顺利推进呢，才能使下属积极、主动、出色、创造性地去完成工作呢？

如果真的想与下属之间建立和谐的、长久的合作关系，那就不能再像以前一样说 “亨利，必须在明早之前将这个客户搞定，否则就不要做了……”，或者说 “错了多少次了！每次都不长记性，马上回去再重新做一份……”。

如果一直这样，下属一定会面色冰冷，极不情愿地、充满怨言地去处理你交给的任务，没有积极性和主动性，只是应付而已，而非全身心地投入工作，结果自然也好不了。

如此往复，这种状况只会每况愈下，进入恶性循环，从而影响工作，影响前途。

仔细想来，问题出在哪里呢？原来就出自你分配任务的方式上，一味地、冰冷地命令和指责。

皮特是一个成功的销售经理，这不仅因为他有着熟练的销售技巧、骄人的销售业绩，还因为他能恰当处理自己与下属的关系。当然，他也有自己的秘诀，那就是他让每一个人都感觉到了自己的重要。作为回报，他也赢得了他们的尊敬，不是因为他命令他们尊敬他，而是他们发自内心的感受。

当初，当公司告知皮特将在六个月后提升他为营销部的主管时，他需要在这段过渡时期内选择一名接班人。他选中了麦克。因为他有着优异的营销业绩，并且在进入公司前曾从事过管理。在任命被宣布后接下来的两个月里，皮特难以置信地看着沉着、有效率的麦克慢慢地变得不可理喻。他热衷于发号施令，并且乐此不疲，“完全不容他人置喙”。他时时刻刻提醒每一个人他是领导。毋庸置疑，这引起了下属销售员们的抵触情绪。

皮特觉得推荐接班人是自己义不容辞的责任，于是他开始思索。他也相信麦克足以胜任这个职务，只要能让他明白他惯用的命令式的管理方法会给自己的前途惹来多大的麻烦。皮特脑中灵光一闪，决定放手一试。幸运的是，他还是麦克的老板，一切都还来得及。接下来的三周里，他把麦克的生活变成了炼狱。他颐指气使，总是在任务期限的最后一分钟才下达指令，蛮横无礼地要求麦克一遍又一遍地重新作业。最初，麦克以为他只是在开玩笑，但是情况变得越来越糟糕。他简直吓破了头，他不明白为什么稳重、温和的皮特会变成这个模样。他彻底地昏头了。最后，他忍无可忍，向皮特表示抗议。皮特要的就是这个。“那你对你的手下又怎么样呢？”他反问麦克。一句话解释了一切。麦克羞愧难当，但也很庆幸，因为一切都还来得及。

很多人深信，自己是领导者就理所应当地命令下属，使其为自己服务。但是这种指手画脚、发号施令、颐指气使、呼来唤去的方式，会严重伤害身边的人，使自己越来越孤立！

仔细想想，**无论是管理者还是下属职员，在人格上都是平等的，要说不同只不过是分工不同、职务不同，而不是在你和他个人之间存在着什么高低贵贱的区别。**就算是“管理者”比“下属”具有更多的权力或是其他什么，那也是由“管理者”这个职位带来的，而不是你自身与生俱来的！是你的这种趾高气扬、自傲自大的态度激怒了别人，而不是工作本身使人不快！所以，**你想让别人用什么样的态度去完成工作，就用什么样的口气和方式去下达任务。**

多用“请求”，而不用“命令”。这样，你不仅能够给予对方自尊，而且能激发对方的自信心和积极性，从而积极主动、创造性地开展工作。即便在完成任务的过程中，你指出了不足，提出自己的见解，对方也会乐于参考、接受和改正。可以想象，在这样的氛围中工作，一定会让人感到轻松而愉快。

如果真的想与下属之间建立和谐的、长久的合作关系，那就不能再像以前一样说 “亨利，必须在明早之前将这个客户搞定，否则就不要做了……”，或者说“错了多少次了！每次都不长记性，马上回去再重新做一份……”。

6. 你不能让所有人喜欢你，却能减少别人对你的讨厌

身为职场人士或商业人士，免不了与人合作、与人接触。而能否成为大家喜欢的人，对合作的顺利开展至关重要，因此要时刻检查自己，克服那些令人讨厌的坏毛病。

古语云：甘瓜苦蒂，物无全美。从理念上讲，人们大都承认“金无足赤，人无完人”。正如世界上没有十全十美的东西一样，也不存在神通广大的完人。但我们在认识自我、看待别人的具体问题上，仍然习惯于追求完美、求全责备，对自己要求样样都好，对别人也全面衡量。难道那些伟人、名人果真那么十全十美、无可挑剔吗？绝非如此。任何人都有其优点和缺点。

为全世界所敬仰的“发明大王”爱迪生，以自己的多项发明征服了全世界，但他在晚年却不能接受交流电，一味地主张直流电。

电影界的泰斗、艺术大师卓别林一生创造了无数生动而深刻的喜剧形象，但他却逆历史潮流地反对有声电影。

美国著名的管理学家彼得·德鲁克在《卓有成效的管理者》一书中写道：**“倘要所有的人没有短处，其结果最多是形成一个平庸的组织。所谓‘样样都**

是'，必然'一无是处'。"才能越高的人，其缺点往往也越明显，正所谓有高峰必有深谷。

谁也不可能十全十美，与人类现有的知识、经验、能力的汇集相比，任何伟大的天才都不及格。每位职场人士如果只能见己之长而不能见己之短，从而着意于炫耀自己的长处而不是修正自己的短处，就会成为职场中的弱者。因此我们先要放弃自满的想法，寻找自身的不足，并逐步将这些不足改掉，唯有如此，才能不让团队中的人讨厌自己，使自己在团队合作的过程中为人接受，得到更多支持和施展才能的机会。

每个人都是可以认识自己、把握自我的，**自信不仅是要相信自己有能力和价值，而且也要认识到自己有缺点和不足。**我们不苛求完美，所以，我们应当保持这样一种心态和感觉：我知道自己的长处、优点，也知道自己的短处、缺点，我深知自己的潜能和心愿，也看到自己的困难和局限。唯有先认清楚自己身上令人讨厌的缺点，才能去改正，从而使自己的素质得到进一步提升，成为素质高而有魅力的人，这样才能更容易得到合作者的接纳。

提高自身的素质、克服自身的毛病，首先要在以下两方面检讨自己，将这些方面可能存在的令人讨厌的短处和缺点加以改进：

（1）是否充分尊重合作者的的信仰、生活习惯等，让合作者觉得你是一个基本可以交往的人？

吉姆刚刚转到现在的公司，就结识了部门里最热情的同事乔治。在进一步的交往过程中，吉姆发觉对方是一个很"花"的人，喜欢享受多姿多彩的夜生活，但是吉姆不喜欢去那种场所。一次，他请乔治吃饭，吃完饭后，对乔治说一起去一个全球最精彩、好玩的地方，而且还是二十四小时营业的，乔治的眼中立即现出渴望的光芒。然后他们一起搭上出租车，直奔当地最大的书店，乔治自然很失望，但很快也就随遇而安，高高兴兴地选了两本书。后来乔治就不再要求吉姆去那些灯红酒绿的地方了，但是比以前更乐意帮助吉姆。因为吉姆始终尊重乔治的生活态度，使对方自我感觉良好，无法不对这个新人产生好感。

这就是尊重的力量，吉姆和乔治都是非常尊重对方的，因此他们不会彼此讨厌，这就为日后的合作奠定了良好的基础。

（2）是否具备过硬的专业素质，让合作者觉得你并不是一个令人生厌的累赘?

提高自己的专业素质，最好在某一方面成为专家，做到能人所不能，提高自己的技能等级，这样其他合作者想讨厌你都讨厌不起来，因为你很优秀，这种气质使别人对你产生了崇拜，将可能产生的厌恶抵消了。原因是人人都喜欢与优秀的人交往，渴望与比自己优秀的人才建立关系。职场中尤其如此，大家都想跟素质高的人合作，希望在那里学到自己不会的东西，因此过硬的专业素质也能助你成为众人喜欢的对象。

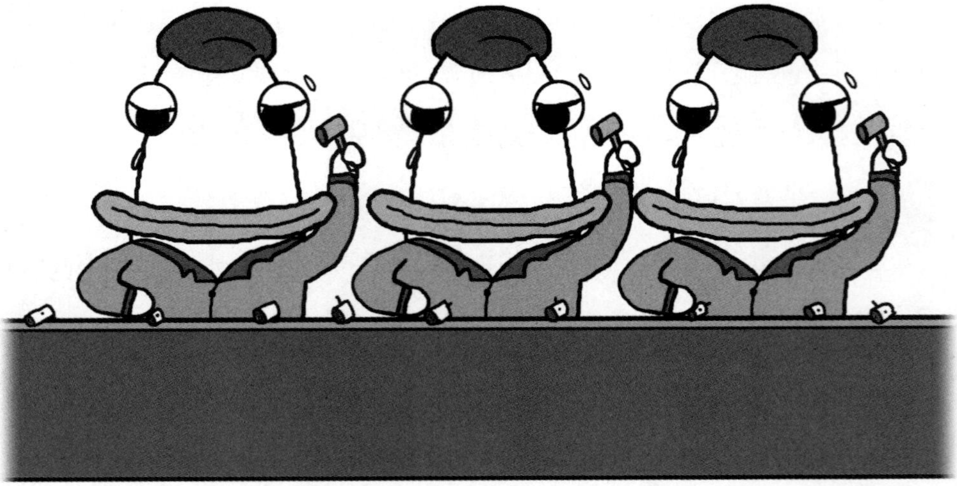

乔治一直经营着一个规模不大的工厂。有一天，一位商人送来一张大订单。可是，他工厂的工作已经安排满了，而订单上要求的完成时间短得使他不太可能去接受它。可这是一笔大生意，机会太难得了。他没有下达命令要工人们加班来赶这份订单，只召集了全体员工，向他们解释了具体的情况，并表明：如果能够完成这份订单，公司的实力和地位都将大大提升。

“谁有好办法，告诉我应该怎么办,才能使我们抓住这个千载难逢的契机？”“谁能提出更加合理的时间调配方案，使我们能够完成这份订单呢？”

工人们经过讨论，觉得一定要接下这份订单，他们用一种“我们可以办到”的态度争取到了这份订单。随后，工人们提出了很多建议，最后乔治提出：“综合大家的建议，我现在命令我自己第一个开始调整工作和休息时间。从今天开始，我要第一个在生产一线加班，直到这批货物出货。”最终，乔治和工人们如期出货。

尊重他人，可以取得令人无法想象的优势。

| Chapter | 8 |

热诚会化解生活和工作的难题

[第八章]

8

思考

Chapter 8

我们怎样对待生活，生活就会怎样对待我们。

心理学家史蒂芬·柯维曾告诫我们：『人们对待生活的心态是世界上最神奇的力量，带着热诚、激情和希望的积极心态投入到生活和工作中去，能将一个人提升到更高的境界；反之，带着失望、怨恨和悲观的消极心态，则能毁灭一个人』。

>> POINT

1. 热诚，生命不可或缺的一部分

热诚，是一种健康、积极的人生态度。经常听人们抱怨说："活着真没意思——工作庸庸碌碌，生活平平淡淡，没干劲，每天无奈地重复着千篇一律的内容，浑浑噩噩地过日子，百无聊赖，乏味之极。"之所以产生这样的消极思想，就是因为他们对工作、对生活缺乏热诚。

热诚，是一种宽容、阳光的道德标准。人，从本质上都是有进取心和荣誉感的，都希望能够有所作为，在改善自身生活质量的同时，获得社会的认可和公允的评价。但有些时候往往事与愿违：你努力工作，却没有得到提升和奖励；你帮助别人，却因此惹上了麻烦；你一片好心，到头来却没有好报……所有这些残酷的现实，无形地伤害了你的尊严，也极大地打击了你的善良，考验着你的人生观。以德报怨是世界上最美丽最崇高的道德，但做起来却是不容易的，那是何等宽阔的胸襟啊！

热诚，就来源于这样坦荡的胸怀，因为对生活充满热诚的人，对未来、对社会、对别人、对自己都充满希望——他相信，未来是充满阳光的，社会的主流也是正义的，别人的心也是会感动的，他相信，一切都会好起来的！正如一则寓言所揭示的道理那样：假如你对着一座大山喊："我爱你——"大山那边的回音一定是"我爱你——"；相反，你如果喊的是"我恨你——"听到的回音一定是"我恨你——"。因此，别人对你的认识，正是由你自己所决定的。充满热诚地善待别人，你一定会收获更多的热诚，拥有更多的温暖和友谊。

热诚，更能激励我们克服困难，取得事业的成功。我们每个人在成长过程中都遭遇过失败或者挫折，或者考试落榜，或者求职碰壁，或者生意亏本，或者失恋，或者被骗……当你面临人生的低谷时，更需要一种热诚的鼓舞。做任何事情都不是一帆风顺的，失败了不可怕，做错了也没关系，跌倒了再爬起来，重要的是不能因此一蹶不振，失去信心，失去希望，失去热情。"世上无难事，只怕有心人"，永远保持一颗热诚的心，能最大限度地淡化困难，发掘自身优势，总结失败教训，培养智慧的头脑，从而扬长避短，最终找到解决问题的突破口。热诚的态度，教我们积极、达观地看待事物，将任何经历都当作宝贵的人生历练，从中提炼出有意义、有价值的观念和方法，都是于己有益的莫大收获，这是热诚给于我们的最大的帮助。

拿破仑·希尔小的时候，母亲十分注重培养他拥有一颗热诚的心，因为她觉得只要拥有一颗热诚的心就会创造奇迹。一次在一个浓雾弥漫的夜晚，拿破仑·希尔和他母亲从新泽西乘船到纽约的时候，母亲高兴地说道："这是多么令人惊心动魄的景象啊！""有什么稀奇的？"拿破仑·希尔问道。母亲依旧充满热诚："你看那浓雾，那四周若隐若现的光，还有消失在雾中的船带走了令人迷惑的灯光，多么令人不可思议。"或许是被母亲的热情所感染，拿破仑·希尔也感受到厚厚的白雾中那种隐藏着的神秘。拿破仑·希尔那颗迟钝的心得到了一些新鲜血液的滋润，不再毫无知觉了。

母亲注视着拿破仑·希尔说：“我从没有放弃过给你忠告。无论以前的忠告你接受不接受，但这一刻的忠告你一定得听，而且要永远记住。那就是：**世界从来就有美丽和兴奋存在，它本身就是如此动人、令人神往。所以，你自己必须对它敏感，永远不要让自己感觉迟钝，嗅觉不灵，永远不要让自己失去那份应有的热诚。**”因为失去热诚就无法拓展想象，也就无法取得大的成就。

拿破仑·希尔一直没有忘记母亲的话，而且也试着去做，一直让自己保持那颗热诚的心。人的一生，事业做得最多最好的人，也就是那些成功人士，他们必定都具有这种能力和特点。即使两人具有完全相同的能力，也一定是更具热诚的那个人会取得更大的成就。

热诚是一种力量，它可以催生想象，使社会的车轮不停地向前转动，就像牛顿对苹果落地这件小事充满了热诚，于是他想为什么这个苹果会掉向大地而不是飘向天空？一颗对普通现象充满热诚的心，催生了一系列想象，最后，“万有引力”就诞生了，人类社会又向前迈进了一大步。

如果现在的你仍然没有发现和感受到热情所放射的能力，那么就从明天早晨起床的那一刻开始，对自己说：“我要满心热诚地工作和生活。”

有个老木匠准备退休，他告诉老板，说要离开建筑行业，回家与妻子儿女享受天伦之乐。老板舍不得他的好工人走，问他是否能帮忙再建一座房子，老木匠说可以。

但是大家都看得出来，他的心已不在工作上，他用的是不好的材料，做出的是粗糙的作品。

房子建好的时候，老板把大门的钥匙递给他。

“这是你的房子，”老板说，“我送给你的礼物。”

老木匠惭愧得无地自容。如果他早知道是在给自己建房子，怎么会这样做呢？

2. 当热诚变成习惯，恐惧和忧虑便无处容身

纵观职场和商海的成功人士，他们往往都是对事业、对生活充满热诚态度的人，积极思考的人，乐观向上的人。他们以这样的精神对待自己的人生，自然会取得辉煌的成果。而失败者则不同，他们被人生的种种失败、恐惧和疑虑所引导和支配。

每个人的态度都决定着自己的人生，因为：我们怎样对待生活，生活就怎样对待我们；我们怎样对待别人，别人就怎样对待我们。我们在一项任务刚开始时的态度就决定了最后成功的机率有多大。

而热诚就是一种难能可贵的、可以支配我们命运的品质。正如拿破仑・希尔所说：“**要想获得这个世界上丰厚的奖赏，你必须将梦想转化为有价值的热诚，以此来发展和销售自己的才能。**”让我们看看弗兰克・贝特格——这个著名人寿保险推销员是如何凭借着热诚，缔造了自己的传奇的。

“当时我刚转入职业棒球界不久，遭到有生以来最大的打击——我被开除了。我的动作无力，因此球队的经理有意要我走人。他对我说：‘你这样慢吞吞的，哪像是在球场混了二十年的样子。离开这里之后，无论你到哪里做任何事，

若不提起精神来，你将永远不会有出路。”原本，弗兰克的月薪是一百七十五美元，离开之后，他参加了切斯特队，月薪降为二十五美元，薪水这么少，他做事当然没有热诚，但他决心努力试一试。待了大约十天之后，一位名叫丹尼的老队员把弗兰克介绍到纽黑文去。在新环境的第一天，弗兰克就对自己说要做球队最热诚的球员。

在这一理念的指引下，弗兰克像一头雄狮上了场。一上场，他就好像全身带电一样。他强力地击出高球，使接球的人双手都麻木了。有一次，他以勇猛气势冲入三垒，那位三垒手吓呆了，球漏接了，他就盗垒成功了。当时气温高达华氏一百度，弗兰克在球场上奔来跑去，极有可能中暑而倒下去。连弗兰克自己对自己的成果都感到吃惊，正是凭着这种热诚，他的球技出乎意料的好。同时，由于弗兰克的热诚，其他的队员也跟着热诚起来。另外，弗兰克没有中暑，在比赛中和比赛后，他感到自己从来没有如此健康过。

第二天早晨，他读报的时候兴奋得无以复加。报上说：“那位新加入的球员，无疑是一个霹雳球手，全队的人受到他的影响，都充满了活力，他们不但赢了，而且使这场比赛成为本赛季最精彩的一场比赛。”由于对工作和事业的热诚，弗兰克的月薪由二十五美元提高到一百八十五美元，多了七倍。在后来的两年里，他一直担任三垒手，薪水加到当初的三十倍之多。这是为什么呢？用弗兰克自己的话说就是热诚，没有其他。

之后，由于伤病，弗兰克不得不告别自己心爱的球场，他来到了一家人寿保险公司当保险员，但整整一年都没有成绩。他决定像当年打棒球一样，对工作拿出十分的热诚，很快他就成了人寿保险界的大红人。

他说："我从事推销三十年了，见到过许多人，由于对工作保持热诚的态度，他们的收益成倍地增加；我也见过另一些人，由于缺乏热诚而走投无路。我坚信，**热诚是每个人、每份事业成功的最重要因素。**"

可见，保持热诚的工作态度对一个人在事业上取得成绩是多么的重要！同时，它也是人们在失意时重新崛起的重要精神支撑。

然而现实生活中，对自己的工作和所从事的事业充满热诚的人少之又少。看看我们的生活到底是怎样的吧：早上醒来，一想到要去上班就心中不快，磨磨蹭蹭地挪到公司后，无精打采地开始一天的工作，好不容易熬到下班，立刻就高兴起来，和朋友花天酒地之时总不忘痛陈自己的工作有多乏味、多无聊。如此周而复始。

有人估计，美国有百分之八十二的人视工作为苦役，而且迫不及待地想要摆脱工作的桎梏。在工作环境相对开放的美国尚且如此，别的国家的情况可见一斑。

工作是一个人个人价值的体现，应该是一种幸福的差事，可是为什么人们却把它当作苦役呢？绝大多数的人都会回答是工作本身太枯燥了。然而实际上，问题往往不是出在工作上，而是出在我们自己身上。如果你本身不能热诚地对待自己的工作，那么即使让你做你喜欢的工作，一个月后你依然觉得它乏味至极。我们大多数人都有过这样的经历。

IBM前营销副总裁巴克·罗杰斯曾说过："**我们不能把工作看作为了五斗米折腰的事情，我们必须从工作中获得更多的意义才行。**"我们得从工作当中找到乐趣、尊严、成就感以及和谐的人际关系，这是我们作为一个人所必须承担的责任。

热诚就是每个职场人员的生命，它支撑着在职场中立足和成长。

热诚，给予我们巨大能量，增强自身能力，使自己的个性越加坚强起来。

热诚，给予我们乐观态度，增强自身活力，使自己有更加充沛的精力去追求自己的事业。

热诚，给予我们巨大的吸引力，增强自己的魅力，使自己拥有良好的人际关系。

热诚，给予我们被提拔和重用的机会，使自己能够不断地成长与发展。

拿破仑·希尔提出了增强热诚之心的几个步骤：

1.深入了解每个问题。

2.做事要充满热诚。

3.传播好消息。

4.培养“你很重要”的态度。

5.强迫自己采取热诚的行动。

6.不可以把热诚和大声说话或呼叫混在一起。

7.身体健康是产生热诚的基础。

8.说些鼓舞人心的话。

9.你要反省自己。

10.要知道你是个天生的优胜者。

11.要启发灵感的不满。

12.成功的热诚终得有行动的热诚。

13.用希望来激励自己。

14.要敢于向自我挑战。

15.在极端困难的条件下，要有“破釜沉舟”的勇气。

当热诚变成一种习惯，你便拥有了一颗热诚的心，从此，恐惧和忧虑便离你远去。

3. 缺乏热诚，人生也会失去目标

热诚的态度需要激发，而最能够激发热诚态度的就是明确的、远大的目标，因为不会有人会莫名地大笑，更不会有人会无谓地挥洒自己的热诚。

布鲁斯是美国一家麦当劳的员工，每天的工作就是不停地做很多相同的汉堡，没有什么新意，但是他仍然非常快乐，从来都是用满怀善意的微笑来面对他的顾客，几年来一直如此。他的这种真挚的快乐，感染了很多人。有人不禁问他，为什么对这样一种毫无变化的工作感到快乐？究竟是什么让他充满热诚？布鲁斯回答道："我每天都有自己的工作目标，那就是每做出一个汉堡，就要使某些人因为它的美味而感到快乐，那我也就感到了我的作品带来的成功，这是多么美好的事情。我每天都为我的目标忙碌着，它使我觉得自己的工作和生活充满生机和活力，自然就会满心热诚。"

这就是布鲁斯的快乐传递法则，他快乐的心情使这家店的生意越来越好，名气也越来越大，最后终于传到了麦当劳公司总管的耳朵里。布鲁斯得到了总公司的赏识，成为了公司的一名管理人员。他的热诚为自己赢得了实现更大目标的机会。

由此可见，即便你才华横溢，但对工作没有目标，只是停留在表面上的雇用关系，做一天和尚撞一天钟，也就不会有工作的热诚，越是没有工作的热诚就越无法确定自己工作的目标，如此往复，二者互为因果。

一个对自己工作充满热诚的人，无论在什么公司工作，他都会认为自己所从事的工作是世界上最神圣、最崇高的一项职业；无论工作的困难是多么大，或是质量要求多么高，他都会始终一丝不苟、不急不躁地去完成，实现自己想要实现的目标。

著名的跨国企业IBM公司曾对人力资源有过这样的认知：从人力资源的角度讲，人们希望招到的员工都是一些对工作充满热诚的人，这种人尽管对行业涉猎不深，年纪也不大，但是他们一旦投入工作之中，所有工作中的难题也就不能再称之为难题了，因为这种热诚激发了他们身上的每一个钻研细胞。另外，他周围的同事也会受到他的感染，从而产生对工作的热诚。是呀，**充满热诚的员工才会不断为自己确定一个又一个工作目标，而工作的热诚又会促使一个又一个目标尽快地变成现实，这样的员工才会不断成长和发展。**

对于一名员工来说，热诚就如同生命。凭借热诚，他们可以释放出潜在的巨大能量，发展出一种坚强的个性；凭借热诚，他们可以把枯燥乏味的工作变得生动有趣，使自己充满活力，培养自己对事业的狂热追求；凭借热诚，他们可以感染周围的同事，让他们理解你、支持你，拥有良好的人际关系；凭借热诚，他们更可以获得老板的提拔和重用，赢得珍贵的成长和发展的机会。

热诚具有神奇的力量，有热诚就意味着受到了鼓舞，鼓舞为热诚提供了能量。**在工作中提升热诚是很简单的，只要你赋予所做工作以重要性，热诚也就随之产生了。**即使你的工作不那么充满魅力，但只要从中寻找到意义和目标，也就有了热诚。

当一个人对自己的工作充满热诚的时候，他便会全身心地投入到自己的工作之中。这时候，他的自发性、创造性、专注精神等便会在工作的过程中表现出来，目标也就更容易实现。

雅诗·兰黛已经成为当今世界各国女性奉若至宝的化妆品品牌。雅诗·兰黛小姐——这位当代“化妆品工业皇后”白手起家，凭着自己的聪颖、对工作和事业的高度热诚，成为世界著名的市场推销专才。由她一手创办的雅诗·兰黛化妆品公司，首创了卖化妆品赠礼品的推销方式，使得公司脱颖而出，走在了同行的前列。她之所以能创造出如此辉煌的事业，不是靠世袭，而是靠自己对待工作和事业的热诚得来的。

在八十岁前，她每天都能斗志昂扬、精神抖擞地工作十多个小时，她对待工作的态度和旺盛的精力实在令人惊讶。今天的兰黛名义上已经退休了，而实际上，她照例会每天穿着名贵的服装，精神抖擞地周旋于名门贵户之间，替自己的公司做无形的宣传。无数的人感慨她成功的事业，但我们更要感慨她为实现成功目标所表现出的热诚。

热诚是高水平的兴趣，是积极的能量、感情和动机。你的心中所想决定着你的工作结果，当一个人确实产生了热诚时，你可以发现他目光炯炯，反应敏捷，性格开朗，浑身都有感染力。这种神奇的力量使他以截然不同的态度对待别人，对待工作，对待整个世界。

一个缺乏热情的人不可能始终如一、高质量地完成自己的工作，更不可能超越现状。如果没有热诚，就不可能在职场中不断成长，就不会拥有成功的事业与充实的人生目标。因此，赶快对你的工作倾注满腔的热诚！

比尔·科里亚是美国犹他州的一个中学教师，有一次，他给学生布置了一道作业，要求学生就自己的未来理想写一篇作文。

一个名叫蒙迪·罗伯特的孩子兴高采烈地写了七大张，详尽地描述了自己的梦，梦想将来有一天拥有一个牧马场。他描述得很详尽，并画下了一幅占地两百英亩的牧马场示意图，有马厩、跑道和种植园，还有房屋建筑和室内平面设计图。

第二天，他将这份作业交给了科里亚老师。然而批改作业时，老师在第一页的右上角打了个大大的"F"，并让蒙迪·罗伯特去找他。

下课后，蒙迪去找老师："我为什么只得了F？"科里亚打量了一下眼前的毛头小伙，认真地说："蒙迪，我承认你这份作业做得很认真，但是你的理想离现实太远，太不切实际了。要知道，你的父亲只是一个驯马师，连固定的住所都没有，经常搬迁，根本没有什么资本。而要拥有一个牧马场，得要很多的钱，你有那么多的钱吗？"科里亚老师最后说，如果蒙迪愿意重新做这份作业，确定一个现实一点儿的目标，可以重新给他打分数。

蒙迪拿回自己的作业，去问父亲。父亲摸摸儿子的头说："孩子，你自己拿主意吧。不过，你得慎重一些，这个决定对你来说很重要！"

蒙迪一直保存着那份作业，那份作业上的"F"依然很大很刺眼，正是这份作业鼓励着蒙迪，一步一个脚印地不断前进。多年后，蒙迪·罗伯特终于如愿以偿，实现了自己的梦想。

4. 一个人缺乏热诚，人生将寸步难行

热诚是人生活和工作的动力，人不能失去心脏，因为那是为生命提供动力的地方。同样，人也不能失去热诚，因为那是为精神提供动力的东西，一旦失去热诚，人们就会像泄了气的皮球、断了油的汽车，寸步难行。因此，不管何时何地，你都要保持高度热诚，最好现在就开始。

如果能很快将热诚转化为生活的态度，你会发现自己的生活观念比以前更为积极，活得也更加快乐。每个人都要时时以热诚来面对生活中所有的事，能够让别人看得到你发自内心的美。此刻起，开始和朋友分享你的热诚。

阿里曾经在佛罗里达进行了一次重要的演讲。因为当时冷气有点小故障，每个人都把外套脱下来，只有阿里例外，阿里只是觉得很不舒服。阿里心想，要尽快结束演讲，到海水里寻找清凉。

演讲结束后，阿里迫不及待地来到海边尽情享受。阿里潜到水里，当他再次浮出水面的时候，发现身旁正好有一位游泳者。他们彼此打了一声招呼，不过，那人显然没有认出阿里，他问："你今天早上有没有参加大会？""有呀，参加了啊。"阿里回答说。"那么你听了那个叫阿里的人的演说了？""是的，听

到了。”阿里有些狐疑了。“嗯，”他继续说，“你认为他的演说如何？”阿里也不知道该怎样评价自己的演说，于是阿里反问：“你认为如何？我的朋友，我最好坦白地告诉你，我就是阿里。”那人当时大吃一惊，但阿里不知道他的意见究竟是什么。他们相视一笑便开始尽情享受海水，过了一会儿，两人都回到沙滩休息。

休息时，那个人开始对阿里说起话来。他说：“热诚是任何人都该拥有的很重要的个性。问题是，我有时候对一项新计划充满热诚，但经过一段时间，那份热诚又开始冷却。我似乎无法维持那份热诚。真的，如果我不是经常这样，我相信我在公司里一定可以获得提升。一个懂得工作技巧而又有经验的人，却经常提不起干劲来，你想他是否有什么毛病呢？这是一个普遍的问题。如果你有时间，能否麻烦你为我提供一些实用的建议，使我能够产生热诚，并且将它永远维持下去？”

这位朋友提出的问题具有普遍性，很多人在职场上也经常遭遇这样的困境，因为热诚不够，能力很强却也难以被提拔，那么怎么办才能获得热诚呢？看看以下这几方面能不能帮助阿里的这位新朋友，以及跟这位仁兄有着同样困扰的人。

1.经常采用新的思考方式。	因此，我们需要以崭新、充沛、活泼的方式去思考。到了适当的时候，我们的脑子里就能够接受热诚并永不衰减这个概念，而这种对积极原则的应用，将使热诚永不消逝。
2.从内心将自己定位为一个崭新的、不同的自己。	这个新人从不改变，永远保持同一状态，永远有活力而且奋发向上。我们不断把自己想象成这样的一个人，结果就会变成这样一个人。
3.以积极的语言，赋予自己热诚的心。	为了提高热诚，可以每天抽出一点儿时间，大声说出这样的字眼："刺激""有力量""好极了""妙极了""棒极了"等。我承认，这个想法可能有点儿好笑，然而事实上，我们的潜意识最后会接受这些一再重复的建议。
4.每天睁开眼睛都告诉自己"今天将是最美好的一天"。	这句话使许多人从消极的状态转变为不断维持热诚力量的状态，将使每个人感觉喜悦，并很高兴地过完这一天，有效地使自己的热诚维持在很高的程度。

简短的四条，不是很难落实，要是能真正地把这些维持永久热诚的方式付诸行动，相信结果会令你十分满意。**一定要相信：热诚是一种被激起的狂热，是可以培养出来和维持下去的，相信谁也不想做一个没有汽油而被闲置的汽车，更不想做一个没有心脏的人。**

5. 热诚，使平凡的生活变得生动快乐

热诚是一种力量，它会使一个平凡的事情或话题变得生机勃勃。因为，有了热情才能有积极性，才会激发自己的兴趣，使自己将某项事情始终坚持下来。

同样一份职业，同一个人来做，有热诚和没有热诚，效果是截然不同的；同一个话题，有热诚与没有热诚，结果也是截然不同的。有热诚，你会变得有活力，工作、生活得有声有色，创造出许多辉煌的业绩；没有热诚，你会变得懒散，对生活和工作都冷漠处之，潜在能力也无法发挥。

现实生活中很多人都发现了这种永不枯竭的热诚，并且保持着这份热诚，还有一些人学会了一种保持热诚的技巧，而且能够进行自我补充。他们真正懂得怎样去保持热诚的原则，使一切都变得生动起来。

有一位对生活充满热诚的老妇人。她坐在轮椅上，她的一条腿已经被锯掉，但她很兴奋地描述道，她独自一人生活，每天都是坐在轮椅上做家务，包括使用吸尘器、准备一日三餐、铺床叠被。一位相识不久的朋友问她："你的生活一定遇到很多的困难。"

"只要你知道窍门，就不会有困难，而且我真的知道其中的诀窍，我并不

觉得困难。虽然我身旁没有人，也得不到任何帮助。就算找到合适的人，我也付不起费用。但是请你不用忧虑，我并不抱怨，我喜欢这种生活。”她有力地下结论。

她继续说道：“我的腿已经被锯掉大约五年了，我已经习惯了这种生活，我还可以从轮椅上下来，走出令人郁闷的屋子。我还经常鼓励我二十七岁的孙子，要求他每隔两天来看我一次，每次都要从我这个老太婆的身上得到一份新的热诚。那份热诚也时刻鼓舞着孙子，使他也充满了活力。”

这位年老、热诚、像火球一样的妇人偶尔也会沮丧，但会努力地去克制、克服，保证自己能够始终保持生活的热诚。

朋友说：“你的精神感染了我，您为什么会有如此的热诚又是如何保持热诚的呢？毕竟您已经九十岁，而且只有一条腿，每天都需要生活在轮椅上。”

妇人认真地说：“我深知一切话题和兴趣，必须有热诚的支撑才能变得生动，也许这些生动的东西不能直接给你带来财富，但是我们更为需要的是快乐。因此，我经常阅读《圣经》，并且相信里面所说的话，而且我不断地对自己重复这段话——‘我深信，我是拥有生命的，我将拥有更丰富的生命’。你知道吗？《圣经》并不认为这个诺言不适用于坐在轮椅上、少了一条腿，又是九十岁的人。它只允诺生活丰富的人，因此，我不断地对自己重复这个诺言，并且过着丰富的生活。我很幸福，因为有很多生动的事情和生动的话题，给予我生动的快乐和生活，而我自己的热诚也在这种生动中此消彼长地涌现。”

正是因为妇人的热诚，使得与之谈话的朋友觉得他们的话题变得无比生动，自己的内心也充满了对生活渴望的力量。

而另一位年近古稀的老人的精神状态却完全与之相反。他与人谈话的声音甚至有些发抖，并且说："我不允许任何人来愚弄我。年老真是糟糕，情况一天天恶化，真是悲哀。我现在只想把我这一生早点儿结束，越快越好。"他继续说："我以前也充满了热诚，就跟年轻人完全一样。""你那些热诚究竟怎么了？"一个年轻的朋友问他。"我已经是一个离死亡只有几步之遥的人了，我对任何话题都没有兴趣，你就更不能要求我还有什么热诚了。"

这位老人与前面的那位妇人相比，最大的差别就是后者对生活充满热诚，而前者则不在任何话题及事情上投注热诚，他的全部心思都放在了"等待死亡"这一个话题上。

一位九十岁、只有一条腿的妇人能永远拥有热诚，而一个六十九岁、两腿健全的男人却丧失了热诚，这两个事实就证明了一个道理：一个人不管年纪有多大，都可以保持着热诚。

热诚是一种积极力量的代表，这种力量不是凝固不变的，而是不稳定的。不同的人，热诚程度与表达方式不一样；同一个人，在不同情况下，热诚程度与表达方式也不一样。总之，每个人都要保持心灵上的热诚，否则是不可能给自己带来生动的人生的。

通用公司要裁员。名单上有内勤部办公室的艾丽和米兰达。

第二天上班，艾丽的情绪仍很激动，找同事哭诉：“凭什么把我裁掉？我做得好好的……”“这对我来说太不公平了！”她声泪俱下的样子，让人心生同情，但大家又不知该怎样劝慰她。

她只顾到处诉苦申冤，以至于分内工作都耽误了，该做的工作拖拖拉拉，最后也没做完。

米兰达则相反。第二天上班，她和以往一样地做事。由于大伙不好意思再吩咐她做什么，她便主动找事做。

她仍然每天非常勤快地打字、复印，随叫随到，坚守在她的职位上。

一个月后，艾丽如期领了资遣费离开了，而米兰达却被从裁员名单中删去，留了下来。

主任当众传达了老总的话：“米兰达的职位，谁也无法替代。米兰达这样的员工，公司永远不会嫌多！”

6. 保持热诚地工作与生活的人，就是最快乐的人

热诚不只适用于工作，对生活充满热诚，安排好自己的工作和娱乐，对两者都保持热诚才会成为最快乐的人。

现实生活中，总有这样一些人：从正面看，他们勤奋、刻苦、上进心强，工作起来不知疲倦，对工作的诚热程度甚至让人“望而生畏”；从负面看，他们却是处于失控状态的、不愿意信任别人的完美主义者——他们就是我们所说的“工作狂”。他们所缺失的正是对生活和对工作的热诚之间的平衡。对工作充满热诚值得提倡，但病态的热诚往往使人生的快乐缺失，因而不予提倡。

马克年过三十，总觉得生活不是很如意，对此很困惑。他没有什么特别的专长，一直做些不需要学历的工作，他车开得很好，因此一直在开卡车。但他不喜欢这个工作。他是个虔诚的教徒，不喝酒，也不喜欢同事们整天说脏话。由于他不喜欢跟那些同事喝酒，也不喜欢听他们说的那些黄色笑话，大家都叫他“小妞”。他看不出自己有什么前途，只能从一个普通的工作换到另一个普通的工作，马马虎虎地混日子。说到这里，大多数人都会看出，马克的毛病出在对生活缺少热诚，甚至是对自己都缺少热诚上。

“你为什么不尝试自己做些小生意呢？”朋友给他出主意。

“什么生意能让我去做呢？一没学历，二没资历，三没经历。”他沮丧地说。

“那你平时没事的时候都做什么？”朋友疑惑地问。

“没什么特别的，偶尔到花园里弄上两下。”说话间，他从书房窗户望出去，看着朋友的花园。

朋友灵机一动：“你可以专门从事为别人整理花园的小生意，开个小店面什么的？”他起初并没有什么反应，但在朋友继续说他一天可以整理三个这么大的花园，而且可以自己当老板后，马克的眼睛开始发亮了。

朋友又说他唯一要花点儿资本的是买电动剪草机、耙子、铲子这类工具，而且他已经有了大部分工具。但是马克还是拐弯抹角地谈到他的宗教信仰，朋友说：“上帝创造世界，你整理这个世界，会觉得和上帝更亲近。”马克若有所思，他的热情开始逐渐地增加。他知道他只需要在报纸上登个小广告，甚至只需利用空闲的时间去整理花园，直到这方面的收入足够养家以后再放弃开车。朋友对马克说：“其实这个工作也没有什么前途可言，但是一旦生命中充满热诚，以后就一定会有所不同了。”

没多久，马克开始了整理花园的小生意。他做得有声有色，他的客户又把他介绍给朋友，不久之后，排队等他去整理花园的客户可以列出一张名单来，他这还只是刚开始而已。现在他利用晚上去学习园艺学，希望以后成为园艺设计师。马克现在对生活的理解是：“**辉煌的成功并不是自己最终的目的，最重要的是充满热诚地完成超越自我的一段段黄金之旅，唯有对生活和工作保持双重的热情才**

会成为快乐的人。”

每个人都要清楚地明白我们是在创造全新的生活，因此无论是工作还是生活都必须充满热诚，方能获得快乐。

随着社会竞争的日益白热化，更多的人们将全部的热诚倾注到了工作上，因而造成了对生活热诚的缺失，对娱乐倾注的热诚更是不够。其实，工作的事情经常是由不得我们自己控制的，所以，有时也要用一种平常心来对待吧。所谓平常心，应该是“不以物喜，不以物悲”，用平静的心情来做好每一项工作，有条不紊地按时完成一件又一件艰巨任务，不要被突如其来的工作吓倒，不要有浮躁的心理，要时刻保持一种好心情、好心态，尽量协调好工作与生活。

有一个人想学医，可是一直犹豫不决，于是就跑去问他的一个朋友："再过四年，我就四十四岁了，能行吗？"朋友对他说："怎么不行呢？你不学医，再过四年也是四十四岁啊！"

他想了想，瞬间领悟了，第二天就马上去学校报了名。

拥有热诚的心，去做自己想做的事，这是不会受年龄所约束的。

| Chapter | 9 |

用坚定的行动，进入精英的行列

[第九章]

9

思考

Chapter 9

只要行动起来，你必然会接触到一些事情，获得新的认识，并触动头脑中的灵感。这有助于你形成新的想法。只要行动起来，你必然会接触到一些相关的人，听到一些有用的信息和建议，运气好的话，还会遇到某个乐意帮你解决问题的人。只要行动起来，你将发现，许多似乎很难解决的问题，远远没有当初想象的那么难。

坚定地行动起来吧！向那些走在你前面的人学习，尽力超越自己，进而超越周遭的人，向着自己的目标迈进！

>> POINT

1. 行动，是追求成功的突破口

杰克·威尔逊给青年人的忠告：**如果你有一个梦想，或者决定做一件事，那么，就立刻行动起来。如果你只想不做，是不会有所收获的。要知道，一百次心动不如一次行动。**

在生活中至少存在两种类型的人：一是天天沉浸于幻想中，看不到一点儿行动的痕迹；二是善于把想法落实到计划中，成为一个敢于行动的人。你是哪一类人？凭你自己的经历，你已经找到了答案。

有人说，心想事成。这句话本身没有错，但是很多人只把想法停留在空想的世界中，而不落实到具体的行动中，因此常常是竹篮子打水——一场空。当然，也有一些人是想得多做得少，这种人只比那些纯粹的“心动专家”要强一些，要好一些。因为**行动是一个敢于改变自我、拯救自我的标志，是一个人能力有多大的证明。**光心想，光会说，都是虚的，不能得到一点儿实际的东西。美国著名成功学大师马克·杰斐逊说：“一次行动足以显示一个人的弱点和优点是什么，能够及时提醒此人找到人生的突破口。”毫无疑问，那些成大事者都是勤于行动和巧妙行动的大师。在人生的道路上，我们需要的是：用实际行动来证明自己和兑现曾经心动过的金点子！

立刻行动起来，不要有任何的耽搁。要知道世界上所有的计划都不能帮助你成功，要想实现理想，就得赶快行动起来。**成功者的路有千条万条，但是行动却是每一个成功者的必经之路，也是一条捷径。**

一位侨居海外的华裔大富翁，小时候家里很穷，一次在放学回家的路上，他忍不住问妈妈：“别的小朋友都有汽车接送，为什么我们总是走回家？”妈妈无可奈何地说：“我们家穷！”“为什么我们家穷呢？”妈妈告诉他：“孩子，你爷爷的父亲，本是个穷书生，十几年寒窗苦读，终于考取了状元，官达二品，富甲一方。哪知你爷爷游手好闲，贪图享乐，不思进取，坐吃山空，一生中不曾努力做过什么，因此家道败落。你父亲生长在时局动荡的战乱年代，总是感叹生不逢时，想从军又怕打仗，想经商时又错失良机，就这样一事无成，抱憾而终。临终前他留下一句话——‘大鱼吃小鱼，快鱼吃慢鱼。’”

“孩子，家族的振兴就靠你了，做事情想到了、看准了就得行动起来，抢在别人前面，努力地做了才会有成功。”他牢记妈妈的话，以十亩田和三间老房子为本钱，进入今天《财富》华人富翁排名榜前五名。他在自传的扉页上写下这样一句话：“**想到了，就是发现了商机，就要行动起来，不懈努力，成功仅在于领先别人半步。**”

哈里说：“取得成功的唯一途径就是‘立刻行动’，努力工作，并且对自己的目标深信不疑。世上并没有什么神奇的魔法可以将你一举推上成功之路。你必须要有理想和信心，遇到艰难险阻必须设法克服它。”一旦你坚定了信念，就要在接下来的二十四小时里赶紧行动起来。这会使你前行的车轮运转起来，并创造你所需要的动力。

一位演讲家曾经说过：**说空话只能导致你一事无成，要养成行动大于言论的习惯，那么即使是很艰难、很巨大的目标也能够实现。**

如果你不想成为一个空想家，更不想一事无成，请记住：一百次心动不如一次行动。

有一个人一直想到中国旅游，于是订了一个旅行计划。他花了几个月阅读能找到的各种资料——中国的艺术、历史、哲学、文化。他研究了中国各省地图，订了飞机票，并制订了详细的日程表。他标出要去观光的每一个地点，每个小时去哪里都定好了。

这人有个朋友知道他翘首以待这次旅游。在他预定回国的日子之后几天，这位朋友到他家做客，问他："中国怎么样？"这人回答："我想，中国是不错的，可我没去。"这位朋友大惑不解："什么！你花了那么多时间做准备，出什么事了？""我是喜欢订旅行计划，但我不愿去飞机场，受不了。所以待在家没去。"

2. 观察走在你前面的人，看看他为何领先

瑞士有句古话：“**傻瓜从聪明人那儿什么也学不到，聪明人却能从傻瓜那儿学到很多。**”反思自己，是不是很多时候就像傻瓜一样，无法从别人那里吸收更多的知识？因此，要像个聪明人那样，观察走在你前面的人，看看他为何领先，不断向他们虚心学习。

向那些走在你前面的人学习，你就可以懂得他们懂得的东西，而他们却未必懂得你所懂得的知识，比较优势由此产生。几乎找不出哪位顶尖运动员，能不靠教练指导而有辉煌的成绩。也没有哪位杰出科学家，不曾受过大师的教诲。几乎每位成功的千万富翁，背后都至少有一位导师。

因为一个人的经验毕竟有限，重要的是通过向更多的人学习，接受多数人的影响，获得多方面的培养。也就是说，通过与人交往，从多数人的体验中学习。特别是行走职场，即使你贵为名校高材生，也要向前辈学习各种自己从未经历过的经验。

一些研究机构对名校毕业生的跟踪调查显示，经验有时会更重要。加拿大蒙特利尔市麦吉尔大学管理学教授追踪一九九零年从哈佛商学院毕业的十九位优等

生的表现，结果发现其中十人完全失败，另外四人至少有问题，只有五人表现不错。综合自己的调查资料分析他得出这样的结论：职场中工作经验要比名校的背景更为重要。

还有一项对MBA（企业管理）学位含金量的调查研究。调查者，利奇曼，一九九七年毕业于哈佛大学商学院；调查目的，MBA企管学位，尤其是常春藤盟校的学位，在现实世界是否真像大家所想象的那么吃得开。为得到答案，利奇曼决定追踪他一伙哈佛同学的生活，与他们谈对个人及职业的期望，然后每五年重访他们，直到二零二六年。

利奇曼说："我希望知道学生如何做有关职业生涯和领导的决定，也希望知道他们如何界定成功。"哈佛大学商学院副教授莫妮卡·希金斯是他这项计划的顾问。MBA学位的价值到底如何，人们对此没有统一意见。纽约佩斯大学鲁宾商学院二零零六年的一项研究分析了在纽约证交所上市的四百八十二家公司，发现只有一百六十二家公司的执行长获有MBA学位。具有名校MBA学位的执行者，表现并不比一般学校的毕业生更优秀。

以上结果，在一定程度上说明了经验的重要性，不要总以"出身"优势自居，要抱着虚心学习的态度不断向走在你前面的人学习，能学习才能进步，才能丰富。纵观那些创业成功的企业家，无一不是积极吸取别人的优秀之处来丰富自己的能手。他们有很多学习的亲身经历和经验，分析归类，大概有以下方面：

1.走出去学习。	珍惜到其他公司学习的机会，悉心观摩老板的经营长处。
2.与精明能干的人为伍。	与精明能干的员工共事，有助于自己能力的提升。
3.与阅历较深的人接触。	他们身上往往有你缺乏的各种经验，多与这类“过来人”学习，可以分享他们的点子和心得体会。
4.与不同行业的人交朋友。	不同行业的人是你极佳的学习对象，多与他们联系交往，可获得一些新信息或新机会。
5.多与专家、顾问接触。	学习自己不懂的更高层次的知识，拓宽自己的眼界和思路。
6.与下属聊天。	越是职位低的员工，越是具有其长处和知识，因此，聆听下属的心声，可以学到自己不熟悉的知识。
7.坚持潜移默化的学习。	时常出外走动，与顾客、员工、专家等多聊聊，因为与经验丰富或才华横溢的人相处，你会发现大有裨益。
8.倾听服务对象的意见。	服务对象的意见最能够使自己发现不足和错误，从而取得大的进步。

其实每个人若想有所成就都必须拟定一个学习对象作为自己的导师，引导自己不断学习，完善自己。也许有人会说喜欢靠自己打拼，摸着石头过河。当然，成功有两条路：一个是自己埋头苦干，自己学习、总结、实践，再总结，再实践；一个是向已经成功的人学习，借鉴他们的成功经验，缩短自己的摸索时间。

哪一条路更容易达到目标？也许拥有“世界第一营销大师”头衔的赖兹给出了答案：**“很少有人能单凭一己之力，迅速名利双收；真正成功的骑师，通常都是因为他骑的是最好的马，才能成为常胜将军。”**

3. 忙碌能把事情做好，松懈会让人更呆板

很多人都有这样的感觉：工作生活越忙碌就越有干劲，越有生气，越有想法，事情也会越做越好，而松懈呆板就只能投机取巧，往往把事情搞砸，自己也很难进步。

做每件事情都是有目标的，通常也都是有时间限制的。在规定的时间内达到同一个目标，忙碌的人只能是做更多的事情，事无巨细，工作越细致，出差错的可能越小，照顾的面越周全。而那些忙碌不起来的人，就不能很充分地完成任务，最终采取投机取巧的办法掩人耳目。

其实，**工作忙碌有时是对自己人生负责的表现。只有忙碌的人才能把事情做得更好，逐步提升自己，实现自己的目标，并在这一过程中体会做事的快乐。**能够倾尽全力工作的人常常会感到精力充沛，长久保持年轻。因为人若到了忙得不可开交时，就觉得生命充实、有意义。当忙碌的一天结束时，心中就有一种“今天工作得很不错”的满足感和成就感。而那些喜欢投机取巧和偷懒的人，会感到畏难苟安、毫无生气，如同行将就木的老人一样，他们绝不会说出这样的话：“如果我用尽心力忙了一天，到了下班后，我依然觉得兴奋，连一杯苦涩的咖

啡，我也会高高兴兴地喝。”

巴里特凭借自己的努力和每天忙碌的工作一步一步赢得了老板的信赖。现在，老板非常赏识他，他成了老板的“亲信”。不久，巴里特就被提拔为销售部经理，工资一下子翻了两倍，还有了自己的专用汽车。

起初，巴里特还是像以前一样忙碌，坚持将事情做到更好。没多久，很多不和谐的声音出现了。“你怎么这么傻啊？”不断有人这样对他说，“你现在已经是经理了，再说老板并不会检查你所做的每一件事情，你做得再好，他也不知道啊。”在多次听到别人说他“傻”的话后，巴里特变得“聪明”了。他学会了投机取巧，学会了察言观色和想方设法迎合老板。他不再把心思放在每天忙碌的工作上，而是放在揣摩老板的意图上。如果他认为某件事情老板要过问，他就会用心将它做好；如果他认为某件事情老板不会多管，他就草草地去做，甚至根本就不做。久而久之，老板发现以前那个忙碌、勤勉的巴里特不见了，于是毫不留情地将现在这个“聪明”的巴里特辞退了。

虽然老板的精力有限，他不可能看到每个员工的每次工作和表现。但是，如果你养成了忙碌工作的习惯，把每一件事都做好，就可以保证老板所看到的都是完美的。到时，老板自然会把你该得到的职位和报酬给你。但遗憾的是，巴里特没有做到这一点。更为遗憾的是，很多职场人士都做不到这一点，投机取巧已经成为现代企业的一大痼疾，许多很有发展潜力的人也因沾染这种习气而被埋没。

有人对男女各有一百一十位的年轻人的工作状态进行调查，结果显示：工作忙碌并使其身心愉快者，男有九十一人，女有八十九人；工作忙碌就觉得无趣者，男有十九人，女有二十一人。

由此可见，大部分人对于工作的忙碌，都觉得有干劲，有生气。所以，**工作忙得不可开交，就是让你觉得自己有干劲、有活力、有自信的最好方法。**而投机取巧也许能让你获得一时的便利，但却在心灵中埋下隐患，从长远来看，是有百害而无一利的。

一个农民家里有一头老黄牛和一只骡子，它们每天不停地工作。一天，骡子装病，农夫给它弄来新鲜的干草和谷物。等老黄牛耕种回来，骡子询问田地里的情况如何。“没有以前耕种得多。”老黄牛回答道。骡子又问：“主人有没有说我什么？”“没听见提到你。”黄牛答道。

第一天尝到了甜头，骡子决定第二天继续装病。当老黄牛从田地里回来时，骡子问道：“今天怎么样？”“还不错，我认为。”老黄牛答道，“但耕种得还不是太多。”骡子又问道：“主人说我什么没有？”“什么也没有对我说。”老黄牛说，“但是主人跟屠夫商量了好长时间。”

骡子的命运可想而知了。现实生活中的我们一定要做个忙碌的人，以此来体现自己的价值。

4. 优柔寡断的人，即使做了决定也不能贯彻

有两个来自农场的年轻人怀揣梦想，打算外出谋生路。路上二人相遇，一个买了去纽约的票，一个买了去波士顿的票。他们到了火车站，一打听才知道，纽约人很冷漠，指个路都想收钱。波士顿人特别质朴，见了露宿街头的人会特别同情。这时，去纽约的人犹豫起来：还是波士顿好，赚不到钱也饿不死，幸亏车还没有到，不然真掉进了火坑。去波士顿的人心想：还是纽约好，给人带路都能赚钱，幸亏还没上车，不然就失去了致富的机会了，得赶快起身去纽约。最后，两人交换了车票，“波士顿”去了纽约，而“纽约”去了波士顿。

去了波士顿的达到了自己的目的，因为这里很不错。他初到那里的一个月，什么都没做，大商场里有“欢迎品尝”的点心可以白吃。去纽约的人发现，纽约到处都可以发财。只要想点儿办法，再花点儿力气，就可以衣食无忧。凭着乡下人对泥土的感情和认识，第二天，他在建筑工地装了十包含有沙子和树叶的土，以“花盆土”的名义，向不见泥土而又爱花的纽约人兜售。当天，他在城郊往返六次，净赚了五十美元。一年后，他拥有了自己的小店。

虽然有了自己的小店，事业已经有了很大进步，但是他没有满足，还是在不断寻求具有更大发展潜力的商机。在常年的走街串巷中，他又有了一个新的发现：一些商店楼面亮丽而招牌较黑，一打听才知道这是清洗公司只负责洗楼不负责洗招牌的结果。他立即抓住这一机会，买了人字梯、水桶和抹布，办起一家清洗公司，专门负责擦洗招牌。如今，这位曾经想去波士顿的商人，已经拥有了上百人的公司，业务遍及几大城市。

一次，他在波士顿的街头，见到一个乞讨者，两人都觉面熟，认出对方后，又颇为感慨，因为五年前，他们曾换过一次火车票，没想到就此交换了彼此的未来。

当第一个人对是否进入纽约这个城市犹豫不决时，第二个人已经果断做出向纽约进发的决定。两张车票带来两种人生，不同的性格决定了不同的命运。

许多人经常处于惶惶不可终日的状态之中，他们每天不是担心工作，就是担心家庭，简直是没有一件事不担心的。这样的结果，就是做任何决定，都优柔寡断，不知取舍。**一个人优柔寡断，实际上是因为他对所拥有的东西太在乎，信心不足，进取心又不强。**

现实生活中，行动的快与慢，是决定成功的关键。快速的行动是对积极心态的实践。如果只有积极的心态而没有积极的行动，那么积极的心态也只能止于心态，不会有任何效果和成绩。

优柔寡断的人，就像一个贪婪而不自量力的家伙，显得可爱而又愚蠢，可恨而又可怜。他必须要将“人生就是有得必有失”的道理，明确体现在他的具体行动上。人的精力是有限的，不可能在每一个方面都做到最好。而最明智的方法就是不要优柔寡断，要快速做出决定。

无论做什么事都要坚持果断迅速地采取行动，而不能优柔寡断、犹豫不决。特别是在竞争激烈、人才济济的职场，每一个机会都是千载难逢、稍纵即逝的，你的优柔寡断会将机会送给那些果断坚决的人，因此，做个果断坚决的职场人吧！

两个猎人是好朋友，在相约一起去打猎的路上，天空飞过一只大雁，两人马上拉弓搭箭，准备猎杀大雁。这时猎人甲突然说：“喂，我们射下来后该怎么吃？是煮了吃，还是蒸了吃？”猎人乙说：“当然是煮了吃。”猎人甲不同意，说还是蒸了吃好。两个人争来争去，虽然明知彼此建议的优缺点，但还是做不了决定，意见一直无法达成一致。终于，前面来了一个砍柴的村夫，于是两个人征询村夫的意见，村夫听完说：“这个很好办，一半拿来煮，一半拿来蒸，不就可以了。”两个猎人感觉这个主意不错，决定就这么办。当他们再次拉弓搭箭，大雁早已不知踪影了。

这两个猎人最大的问题在于议而不决、拖沓等待，也就是犯了优柔寡断的毛病。在如何吃的问题上，花了太多时间和精力，最终失去了猎杀大雁的最佳时机。没有了猎杀的过程，当然就没有了怎么吃的结果；没有快速的行动，当然就没有最后的成功。

5. 每次你多做一些，别人跟你的差距就大一些

一个不能把心思用到工作上的人，永远只是个小角色；**一个用力去工作的人，只能说他还称职；而只有用心去工作的人才能达到优秀。**这里所说的“用心”，不仅是要把心思全部放在工作上，而且还要积极主动地去思考，去创造。任何公司、企业都需要用心工作的人，而这样的人也能备受企业的青睐。

用心工作、主动工作才能在同等条件下比其他同事做更多的事，你做得多，别人做得就少，那么你得到的就多，他人得到的就少。具有认真、主动工作的态度，才能成为老板最喜欢的员工，这也是像老板一样对待自己工作的必然要求。

一项来自著名的贝尔实验室的调查发现，优秀员工与普通员工的一个主要区别就是是否具备主动性。在工作中，我们不难发现：优秀员工往往愿意接受新任务而不惜独自承担一些风险，他们在做好分内工作的同时也会关注工作以外的事务，他们一旦认准了自己的目标就能够坚持去完成它，在能力允许的情况下，他们乐意为同事提供帮助。

安迪和亨利的职场经历告诉我们：主动做事是为自己积累有形和无形财富的重要方式。安迪和亨利同时进入一家公司时，都是没有经验的工程师。整整半

年时间，经理安排他们早上听课，下午完成工作任务，希望他们在半年时间里完成与公司的磨合。接下来的时间里，安迪与亨利不言而喻地成为竞争对手。每天下午，只要上司没有特殊指示，安迪都会把自己关进办公室里，阅读技术文件，学习一些日后工作中可能用得着的软件程序。当有的同事暂时请他帮会儿忙，都会被他拒绝：“对不起，这不是我的工作，你的工作应该靠自己完成。”他心急如焚地想一下子提高自己的专业水平，好在短时间内走到亨利的前面争取自己的未来。

虽然亨利与安迪的起点相同，但是心态有所不同。亨利觉得一个人到了新的环境，专业素质是一方面，但是学习经验、融入团队也很重要。于是，在工作上，他就朝着这方面发展，每天下午，他也会花一定的时间看数据，剩下的时间则用在向同事们介绍自己和询问与他们项目有关的一些问题上了。当同事们遇到问题或忙不过来时，他都主动去提供帮助。当所有办公室的软件要升级时，每个员工都不愿来做这项琐碎的工作，也没有人指定亨利去完成它，但是亨利却主动承担下这项工作，这使得他不得不牺牲休息时间来加班。当他在不影响自己工作的同时，终于做完了这项工作时，既没有得到上司明确的赞赏也没有得到同事的认可，甚至很多同事都把他当作廉价劳动力。但是，亨利在这项工作中不但很快熟悉了公司的业务，而且人际关系也得到了良好的拓展。

很快，半年过去了，安迪和亨利都很出色地完成了经理安排的任务。经理在他们的工作评述中写道：“从技术上说，这两个新人都很出色，安迪还稍显优势；但从综合素质上看，亨利则明显胜出一筹。”亨利已经通过自己的努力赢得了公司上下的认可。